目录

推荐序

自得其乐的奥秘

田方萌

北京师范大学社会发展与公共政策学院

我有一位朋友，在高校教书，专业是哲学。他不爱写论文，自称“述而不作”，这在今天的大学里可不好混。可他也不在乎，职称到讲师就满足了。他的课讲得很精彩，被学生评为优秀教师。课下他喜欢下棋，出过一本棋类教材，他还长于台球运动，每周都去玩上半天。他看上去挺另类，可也结了婚，生了孩子。我见过马云，也见过比尔·盖茨，两人脸上都不时露出幸福的微笑。可这位朋友，却是我见过的最快乐的人。

心流体验与快乐

我曾看过一部美国纪录片，记者在片中采访了背景不同的人，只问一句话："你认为人生的意义是什么？"十个人中九个人的答案都是"快乐"。还有一位知识分子模样的女性，想了想说："思考什么是更美好的世界，以及如何实现它。"最后这位的答案貌似深刻，不过我想她也同意，更美好的世界至少是更多的人感到快乐的世界。

正如《发现心流》的作者契克森米哈赖所言："快乐是正面情绪的原型，亚里士多德之后的许多思想家都说过，人类的所作所为，最终都是为了追求快乐。我们之所以想追求财富、健康或名声，都是为了借此得到快乐。然而，追求快乐也不是因为它可以带给我们其他好处，因为快乐本身就是目的。"问题不在于为什么要追求快乐，而在于如何获得快乐。

过去几十年，快乐程度逐渐成为经济学家关注的对象，研究国民幸福指数的论文逐年增多。有一项发现一再得到学术界的确认——收入上升到一定程度后，再增长对快乐就没什么影响了，亿万富翁也只比普通百姓快乐一点儿。《发现心流》引用的历时性研究发现："1960—1990 年，当美国的个人收入节节上升超过原来的两倍时，声称自己非常快乐的人的比例仍稳定在 30% 的水平。"古希腊哲人伊壁鸠鲁早就指出："当身体的由于匮乏而产生的痛苦全都被消除了以后，身体的快乐就再也不会增长了，只能在种类上变换花样。"

物质上的匮乏解除后，我们在心理层面的幸福感就取决于自身潜力的开发程度。契克森米哈赖强调："如果一个人不能设定生存目标，不能充分运用心智，他所获得的美好感受不过只是人类潜能的一小部分。"作为美国著名的心理学家，他曾见过不少位高权重的政商人士，以及杰出的科学家和艺术家。然而在他看来，这些人的生活虽然美满舒适，却没有一位过得比乔更好。乔是一家铁路车厢装配厂的维修工人，他的社会地位虽不高，可常常获得一种"心流"体验。

“心流”（flow）是契克森米哈赖提出的心理学概念，它指的是“许多人形容自己表现最杰出时那种水到渠成、不费吹灰之力的感觉，也就是运动家所谓的‘巅峰状态’、艺术家及音乐家所说的‘灵思泉涌’”。中国读者最熟悉的例子莫过于庄子笔下的庖丁，他将屠宰术上升到了乐舞的境界：“……手之所触，肩之所倚，足之所履，膝之所踦，砉然向然，奏刀騞然，莫不中音。合于《桑林》之舞，乃中《经首》之会。”

在日常生活的很多活动中，我们的心（heart）、意（will）、念（mind）处于分离状态，甚至相互抵触。想做的事、该做的事和正做的事不是一回事儿。而在心流体验中，人会全身心投入某种活动，欲望、意图与思绪协调一致，充满了和谐顺畅的精气神。在这种巅峰状态下，“……自我意识已消失不见，但感觉却比平日强烈，时间感也有所扭曲，只觉得时光飞逝，瞬间已过数个小时。”美国诗人马克·斯特兰德在谈到自己的心流体验时说：“当你沉浸在工作中，你便失去时间感，完全出神，全副精神都贯注在所做的事情上……当你将某件事情做得十分出色时，你会有一种难以言喻的感觉。”

我在中国人民大学读书那几年，常常找校内一位师傅修理自行车。他看上去六十岁上下，头发掉光，还瞎了一只眼。他住在一间狭小的修车棚内，没活儿干的时候就看一台黑白电视，哼唱几句京剧。每当学生找他修车，这位师傅就来劲儿了。他一眼就能诊断出机械故障，飞快地摆弄工具，让自行车重新运转起来。他就像铁路车厢装配厂的维修工人乔一样，能够从工作中获得自得其乐的心流体验，既维持了生计，也解决了别人的问题。我在本文开头提到的那位教师朋友也属此类，无论教书、下棋还是打台球，他都能进入一种近乎庖丁解牛的境界。

心流体验是否伴随着快乐？处于心流状态时，我们并不觉得快乐，此时神智专注，注意力都集中在活动上。歌手唱到高音区时，还要分心感受快乐，很可能就会跑调。可完成任务后，我们回顾刚刚发生的一切，就会生出一种充实美满的感激之情，快乐也会发自内心地喷涌而出。快乐取决于很多因素，美味的食物、漂亮的衣饰、健康的身体、和睦的家庭都会给人愉悦感。经常体验心流状态的人未必比其他人更快乐，可他们容易体会到持久的成就感，也更自信和自尊。《发现心流》作者指出：“光是因为生活过得好而感到快乐是不够的，重要的是，人们还要能在从事有利自身技能锻炼、有利个人成长及发挥潜能的工作时感到快乐。”

米哈里·契克森米哈赖已高龄八十有三，他是匈牙利人，生长于“二战”时期的南斯拉夫，二十世纪五十年代末移民美国。少年时代的契克森米哈赖发现，经历战争创伤的成年人很少能重建舒心愉快的生活，于是他开始探索生活幸福的秘密。钻过哲学、艺术和宗教的书堆后，他终于在心理学领域找到了解开谜团的途径。契克森米哈赖终生致力于建立和发展积极心理学，曾任芝加哥大学心理学系的系主任。他最重大的学术贡献就是对心流体验的一系列研究，此外他在认知心理学、创造心理学和发展心理学等方面均有建树。

这本《发现心流》并非学术著作，而是契克森米哈赖写给普通读者的一本自助指南。书店的货架上总摆放着很多自助书籍，教人如何发财致富、结婚生子、运动休闲，其中大部分是基于生活的经验之谈。《发现心流》则建立在作者自己的科学发现上，也结合了他人的研究成果。契克森米哈赖自称：“我将以最保守的态度，重新讨论何谓美好人生。既不谈先知预言，也不谈怪力乱神，而是针对日常生活的点点滴滴，尽量寻求合理的证据支持。”

为了搜集心流体验的经验证据，契克森米哈赖在二十世纪七十年代创造了一种“心理体验抽样法”（Experience Sampling Method）。研究人员为受试者配备了呼叫器，提醒他们按时填写随身携带的手册。呼叫信号每两小时响一次，每次听到鸣响，受试者就记下当时的心理状态，以及位置、活动和同伴等信息。很多受试者在描述最优心理状态时都会说：“仿佛一股洪流带领着我。”契克森米哈赖据此提出“心流”的概念。基于成千上万名受试者的调查数据，《发现心流》提供了很多帮助我们自得其乐的建议。下面谈谈我最有收获的几条。

获得心流体验的门径

有人也许对心流体验的价值仍有疑问。毕竟，父母告诉我们要听老师的话，老师告诉我们要做对国家有用的人，国家告诉我们要遵纪守法。在我们成长的教育环境中，好像没有人严肃地说："你要自得其乐，才能做个真正快乐的人。"长大以后，我们迫于生存压力，总觉得赚钱最要紧。一位中学同学曾对我说："我只有挣到一个亿，才能过上惬意的生活。"而且他相信别人也是如此。为了发财致富，我们花在取悦别人上的心思，往往多于花在欣赏自己上的。我们的情绪真那么重要吗？

在契克森米哈赖看来，情绪真实而基本："就某些方面而言，情绪是构建意识的最主观成分，因为只有你才能判别自己是否真正体验到爱、羞耻、感激或快乐。但情绪同时也是心灵最客观的成分，因为恋爱、羞愧、惧怕或快乐时所体验到的'衷心感受'，通常比我们对外界的观察，或由科学与逻辑中所学到的一切更为真实。"演化心理学表明，人类的情绪反应像身体器官一样进化而来，帮助我们针对环境采取适应性的行动。有时我们的情绪亢奋，却对自身有害，如吸毒或酗酒。可在大多数时候，快乐本身就说明我们走在适合自己的人生道路上。

我在大学的时候，想赚点零花钱，为书商编过书。所谓"编书"，就是找一些材料剪剪贴贴。

这活儿让我挣到有生以来第一个一万元，可我当时并不觉得很开心，因为这份工作本身对我没有多少吸引力。我很快产生了厌倦，那种感觉如此真实，就像捏在手中的钞票一样。我开始意识到，一个人只有做与自己能力匹配的工作才会投入其中。如果不是为生计所迫，外在的报酬是次要的。每个人或早或迟大概都会意识到这一点，契克森米哈赖则将它发展成了一套理论。

想象一张坐标图，横轴代表能力高低，纵轴代表挑战大小。根据能力和挑战的程度，我们可以将所有活动分为八大类，对应图上的八个区域。如果挑战过大而能力不足，人们就会产生焦虑；如果挑战太小能力有余，人们便感到无趣。契克森米哈赖发现，“只有高难度挑战与卓越的能力相互配合，个人的全心投入才可能触发心流，塑造异于平常的体验与感受。”所谓“艺高人胆大，胆大艺更高”，技能与挑战相互促进，逐渐走向游刃有余的佳境。

这里不妨举个我学棋的例子。我六岁跟父亲学习下象棋，下到十岁，参加小学象棋比赛，居然拿了全校冠军。当时居民大院的小伙伴们已经不是我的对手。有一次，父亲的朋友把我带到外面与一伙中学生比试，我被人家打了个落花流水，这才知道天外有天。从上大学到工作前，我有十几年几乎没下过一盘棋，因为找不到合适的棋友。即使有人愿意和我下，也难以保证水平相当。直到有一次，我偶然发现某游戏网站可以在线下棋，于是又开始重拾这门爱好。

游戏网站会自动安排对弈双方，可并非随机配对。一位玩家赢的局数多，就可以升级，与水平更高的棋手对阵；反之，输得多，对手的级别也跟着下降。这种规则保证我不会碰到新手，像幼时大院里实力不强的小伙伴；也不会面对高手，像棋艺远超自己的中学生。棋艺水平与挑战程度的差距总会保持在较小的范围，我便有很多机会棋逢对手，获得频繁的心流体验。有时升级后，对方的水平高我一点儿，这时我专心应对，思考新的攻防策略，契克森米哈赖称这种状态为“觉醒”。有时降级后，玩家的棋艺低我一筹，这时我便奋力杀敌，争取晋级后迎接更大的挑战，这种状态被称为“掌控”。心流体验就发生在这两种状态之间。

人人心同此理，参与的活动却可以千差万别，依脾气秉性而定。我那位教师朋友就认为教书、下棋和打台球是最适合自己的工作与休闲活动。当我向他请教生活的哲理时，他引用了一句古老的格言："认识你自己"。作为个体，每个人都是独一无二的。若想获得心流体验，首先需要了解自己。有人能从抽象的思考中悟透道理，也有人能从具象的感知中激发灵感。我的一位中学同学很少阅读，在他看来书分两类——"字书"和"画书"，他只喜欢后者。然而，他酷爱美术，不仅当了建筑师，还开办了自己的玩具公司。

契克森米哈赖在书中记叙了一位已经住院十年的精神病患者。医务人员偶然发现她在修剪指甲的时候出现过亢奋情绪，便找来专业人员教她相关技巧。她学习后为病友修剪指甲，病情也逐渐康复，出院后开了自己的指甲店。作者还提到一位商人，他发现自己喜欢木工活儿，而时间一天天消耗在办公室，于是他改行当了木匠，搬到山上居住。没有人一生下来就知道自己到底喜欢做什么。要搞清这一点，我想最好的办法就是在年轻时多尝试几种工作，多接触几种爱好，看看什么活动是我们的兴趣所在。

心理学家的研究方法也可以当作我们认识自己的工具。契克森米哈赖建议读者用一周或两周时间，记录自己的日常感受。例如自己什么时候心情最好，什么时候最差？观影时是否像想象中那样兴奋？跑步时是否像预期的那么疲累？一定要记录自己的真情实感，而不是“应该”产生的感觉。对比不同时段的心理感受，我们就可以科学地反思自身，为何心流体验出现在特定的活动和情境中。举例来说，我以前总认为，文章发表的时刻自己最快乐。其实不然，写作的过程最能让我体验心流的畅快。因此我改变了工作流程：不按媒体的需要写作，而是先完成自己想写的题目，等待时机再发表。

心流体验之所以难以获得，很大程度上是因为高技能需要长时段的练习。契克森米哈赖说：“每一项心流活动都需要在刚开始时花些心思，然后才能享受到乐趣。”一般人学习一项技能，总得花费几年，才能达到中等水准，其间又未必能坚持下来。读者也许觉得我的文笔还算流畅，从高中一年级首次发表作品算起，我已是笔龄二十多年的老作者了。在早年练笔的阶段，即使编辑班刊的同学跟我约稿，我也会很认真地撰写和修改。今天我运笔尚能自如，多亏那些年积累的一些词汇和技巧，因此我很赞同书中的建议：“要使先天的才能转变成充分发展的智力，你就必须学会控制注意力。唯有不断投注精力，具有音乐天赋的孩子才有可能成为音乐家，具有数学禀赋的儿童才可能成为工程师或物理学家。要达到专业人士的心智运作水准，需要花费更多心力去吸收知识与技能。”

休闲与爱好的艺术

孔夫子教导我们：“志于道，据于德，依于仁，游于艺。”前三点关乎道德教化，最后一条则提倡在技艺练习中自得其乐。技艺分为两种，用于生产就是工作，用于休闲就是游戏。有些人在工作中就会感到满心欢喜，可以把工作当成游戏。他们一般从事高度个人化的职业，包括艺术家、科学家和企业家。这些职业可以让人自由设定工作目标和任务难度，将工作融入生活，因此很少导致马克思所谓的异化感。契克森米哈赖曾多次访问各行各业的顶尖人才，他最常听到的感受就是：“你可以说，我一生每分每秒都在工作；也可以反过来说，我从未工作过一天。”

遗憾的是，对于世界上大多数人，工作还只是养家糊口的饭碗，而不是自己的志业。尽管他们在完成工作时不见得心情很差，可远不如参与休闲活动的心情愉快。如何在休闲时获得心流体验，也就对提升大多数人的生活品质具有重要意义。契克森米哈赖发现，“如果人们能将空闲时间用于运动、艺术或爱好，便可具备感受心流的条件；如果空闲期间无所事事，人的精神混乱度将大为升高，整个人只觉得懒懒散散，兴趣全无。”

普通美国人将一半空闲时间花在看电视上，其次才是阅读报纸杂志，很少用于艺术和健身等主动式休闲活动。这部分是因为前者的享受门槛很低，后者需要很多准备工作。可多数电视节目喜欢哗众取宠，无助于自我提升，看得时间越久，便越会觉得无趣。这种低技能低挑战的状态被契克森米哈赖称为“淡漠”，人们此时很难产生心流体验。记得我在美国留学时，有一年感恩节连续放了几天假。我下载了几部经典电影，准备好好享受一番，结果看到第三部就看不进去，转头工作了。德国一项研究也发现，看书越多的人，心流体验也越多，可看电视多的人正好相反。

现代生活的节奏紧张，我们工作一天回到家中，通常感到心有余而力不足，于是通过上网或观影填充大脑，或借助烟酒松弛神经，麻痹自我。这些廉价的休闲方式如果不是有害身心的，至少也是消极被动的。契克森米哈赖评论道：“这些方法固然能带来短暂的振奋，但事后往往只残存一丝黯然惆怅之感。”“要想让闲暇时间得到最妥善的运用，就得付出工作般的专注与才智。主动式休闲有助于个人成长，但过程却不轻松。”工作的时候像游戏，游戏的时候像工作，两者就都达到了最优状态。

美国作家安·兰德（Ayn Rand）曾解释她为何喜欢集邮：“集邮的快乐在于人们可以用一种特殊的方式使用自己的大脑……它（集邮）有一个自己独立的奇妙世界，能够牢牢抓住一个人的注意力，使他从烦恼和压力中暂时解脱出来。”在她看来，集邮这种爱好适合那些目标明确和工作忙碌的人。这些人“……需要另一条轨道，但还是为了同一个目的。也就是说，他们需要改变一下主题，但用的是相同的思维方式”。

与兰德的集邮爱好相似，我的休闲活动之一是收集电子书。目前我的电子图书馆共有两万册藏书，占用了190GB（千兆字节）的硬盘空间。用电脑整理这些书籍花费了我不少时间和精力，可将它们分门别类本身就带给我极大乐趣。我的相当一部分研究工作也属于分类和归纳，整理电子书就相当于兰德说的“另一条轨道”。每当我想到人类文明的结晶以书籍的形式存放于我的电脑中，像一支完成整编的军队随时待命，就会产生一种妙不可言的奇幻感受。可见，如果一个人热爱工作，他的爱好也应当与工作的性质类似，这样他最有可能从两者中获得心流体验。

除了上述忠告，契克森米哈赖还建议我们注意休闲活动的“性价比”。一个人收集邮票或电子书也要有所花费，可总比出国旅游或购买奢侈品经济，而前者带来的快乐并不见得比后者少。《发现心流》一书指出：“我们从休闲中所获得的愉悦与乐趣似乎与消耗的能量毫无关系——就算有，也是负面的。必须动用人类技能、知识及情绪的低科技活动，并不比使用大量器材、靠外在能源代劳的活动差——事实上，两者的回馈相差无几。畅谈、读诗、园艺、担任义工或学习新事物所消耗的资源相对要少，但乐趣却不低于耗去10倍资源的活动。”

有些主动性休闲需要群体参与。下棋至少要两个人，打麻将需要四个人，踢足球需要一堆人。收藏爱好者也很少孤芳自赏，他们喜欢将藏品与同好交流。安·兰德就是其中一位：“在集邮者中有一种今天非常罕见的‘兄弟之情’——有着相同价值观的兄弟之情。”我们的心流虽然发自内里，与同伴一起体验却会增加其快感，孟子也说过“独乐乐”不如“众乐乐”。

对于人际互动，契克森米哈赖也提了两条忠告，一是“找出自己与别人目标的一致性”，二是“愿意关心别人的目标”。“将自身的经验或专业知识应用在对方所提供的话题中，但切勿喧宾夺主，只需应和接话即可。”这就好比谈恋爱，两个人能谈到一起，一定有些志同道合的爱好，但也不可能完全一样。基于个人经验，我更乐于参加五人左右的饭局——少了可能不够热闹，多了就会缺乏共性。当背景相似、兴趣相近、人数适中时，聚在一起聊天的效果最好，也最可能产生心流的共鸣。

据契克森米哈赖考证，英文中的“自得其乐”（autotelic）由“自我”（auto）和“目标”（telos）两个希腊字根组成。一项爱好让我们自得其乐，爱好本身就是目的。一旦掺杂了其他动机，我们或许更有兴趣投入其中，却会失去纯粹的快乐。例如，张三购买藏书，不仅为了自己阅读，也为在朋友面前夸耀学识。李四学习英语，不仅为了欣赏原著，更是为了职场晋升。我们的快乐来自他人的承认，来自外界的回报，但终究来自内心的愉悦。最后，我以书中的精彩段落作为结语，祝愿读者也成为这样的人：

> “具有自得其乐性格的人，不太需要物质财富、娱乐、舒适、权力或名望，因为他所做的事情本身就已经是一种回馈。由于这种人不论在工作、家庭生活、人际互动、饮食甚至是独处时，都能感受到心流，因此不太会依赖外在的报酬行事，过着沉闷枯燥、了无意义的公式化生活。他们不受外来事物的威逼利诱，显得较自动自发、独立自主，因为全心投入生活，他们对身旁诸事也多多参与。”

2017 年夏于北京石佛营

引　言

如何活得更好

生存，就是在行动、感觉及思考过程中体验一切。年复一年，体验的内涵决定我们生活的品质。日常生活包括工作、维持健康和生存以及休闲三大类活动，如何在其中分配或投资时间，则成为个人最重要的决定。

奥登

（W. H. Auden）

若真想活着，最好立刻着手尝试；如果不想，也不打紧，但你得开始准备死亡。

这段话正好道出本书的主旨。这项抉择很简单，即从现在开始至生命结束，你可以决定自己是生是死。

生物性的生命是一种自然的过程，只要满足生理需求即可。但是，要活出奥登此处所谓的“生命”，却不能守株待兔，因为万事皆可能反其道而行，除非你能掌握方向，否则生命必沦为外力所控，转而追求不相干的目标。例如，生物性的本能会驱使你按照基因指示而行；文化会利用你发扬其价值观及制度；其他人也会设法撷取你的精力，达成他们的目的，完全不顾这种行为会对你造成何种影响。

我们不能指望别人帮我们过活，必须靠自己发现生活之道。

依循这种脉络来看，“生活”究竟意义何在？毋庸赘言，生活不单指生物性的生存，它的意义更在于活得充实圆满、充分利用时间与潜能、发挥个人特质，并与宇宙万物契合相融。本书将尽量依据现代心理学、本人的研究发现，以及前人的各种智慧，探讨这种生活方式。

我将以最保守的态度，重新讨论何谓美好人生。既不谈先知预言，也不谈怪力乱神，而是针对日常生活的点点滴滴，尽量寻求合理的证据支持。

何谓美好人生

以下的实例即可说明“美好人生”的意义。

很多年前，我和学生研究一家铁路车厢装配厂，该厂的主要工作场所是一间又大又脏的库房，噪声隆隆不绝于耳，人们完全无法交谈。厂内焊工大都厌恶这项工作，总是不断盯着时钟，期待下班时刻的到来。一旦走出工厂，他们不是立刻冲进附近的酒吧，就是驾车到附近的城市寻找更刺激的活动。

只有一个人例外，他就是60出头、大字不识几个的乔。

乔经常自己研究厂里的各种机器，弄清它们的结构与维修方法，不论是起重机还是电脑监视器，样样都难不倒他。他喜欢主动修理有故障的机器，研究出问题的原因，然后设法让机器起死回生。他和妻子还在住家旁的两块空地上建造了一座大型的石造花园，其中有几个雾状喷泉，甚至在夜间也能看见。厂内上百名焊工对他十分敬重，谁也离不开他。不论何时，只要遇上问题，大家都会找他帮忙。很多人都说，要不是乔，工厂可能早就关门大吉了。

这几年来，我见过不少大公司总裁、位高权重的政客，以及数十名诺贝尔奖得主，这些显要人士在许多方面的生活都应算得上舒适美满，但却没有一位过得比乔更好。究竟是什么原因，让乔的生活得以如此安详、充实和有价值呢？这正是本书要讨论的关键问题。

为此，我的研究将依据三项基本假设：

一、先知、诗人与哲学家已从历史中撷取到关系未来生存的重要真理，但这些真理是基于当时的观念及语言表达，必须经由不断探讨、重新阐释，才能适用于今天。犹太教、基督教、伊斯兰教、佛教及吠陀（Veda）经书保存了先人很多重要的观念，蔑视这些观念无疑是幼稚的自负行为；但若以为这些是永恒不变的绝对真理，也同样过于天真。

二、现代科学为人类提供了极其重要的资讯，但科学性的真理若同样以现代的观点表现，仍难免会有物换星移、为未来所弃的可能。然而，我们不能自我膨胀，以为自己能超越现有的知识。科学是反映真相最可靠的途径，蔑视科学对自己不利。

三、如果想要了解真正的“生活”，就得倾听历史的声音，将前人的信息融入日积月累的科学知识中。若不先弄清楚人类的本质，许多观念（如卢梭的回归自然理念，即弗洛伊德派的先驱）不过只是空谈罢了。追寻生命意义的唯一途径就是以现有的能力，慢慢理清历史真相及未来的可能性。

因此，本书所谓的“生活”，就是指我们从早到晚、日复一日、周而复始的生活经历，运气好可长达 70 年左右，更幸运的人还会更久。比较而言，如果以我们耳濡目染的神话或宗教观点来看，人生可是有趣多了。然而，为了保险起见，最佳策略还是先假设这 70 年的光阴是我们体验尘世的唯一机会，应当充分利用，若不这么做，你将会一无所有。

上述的人生，有一部分得自我们体内的化学作用、器官间的生理互动、神经元间互相传导的微弱电流，以及文化加诸心理的各项信息。然而，生活的实际内涵，即我们的举动及感受，却取决于思想与情绪以及我们对化学、生理与社会运转过程的阐释。研究人类心灵流动的意识，是“现象哲学”的范畴。过去 30 年来，我的工作包括运用心理学与社会学等方法，并发展了一套系统化的现象学，以解答“人生究竟是何种状态”，或者更实际一点儿的问题：如何创造更好的生活？

要回答这些问题，我们得先掌握体验的塑造力量。不论喜欢与否，每个人的行动及感受都有一定的限度，漠视这类限度，便是否定事实，必将步向失败。为求尽善尽美，我们应先了解现实生活中的需求及潜在挫折。很多古代神话传说里都说，当某人想追求快乐、爱情或长生不老时，首先就得去地狱游历一番。例如，但丁在幻想天堂的美景之前，必须遍睹地狱惨状，方能理解人类为何无法进入天国。本书先探讨凡俗琐事，理由也正是如此。

体验生活的方式

栖息于非洲草原的狒狒，一生约有 1/3 的时间在睡觉，其余的时间不外乎迁徙、觅食、进食，或是社交、整毛、捉虱之类的休憩活动。这种呆板的生活，自人类在演化史上与猿猴分道扬镳以来，百万年来未曾改变。基于生活的基本要求，人类分配时间的方式与非洲狒狒相去不远。多数人也是一天睡掉 1/3 的时间，其余时刻不是工作、迁徙，就是休息。

休憩、生产、消费及互动的循环，就像人的五官感觉，是我们体验生活的方式。由于神经系统的构造，人们在一定时间内仅能处理少量的信息，而体验也必须依序进行。要知道，人一次只能吞一口食物、听一首歌、读一份报纸、谈一段话。由于注意力的局限，人类体验世界的心力有一定的限度，生活也因此具有固定的形态。不论古今中外，人类活动的内容及花费的时间都出奇相似。

尽管如此，我们不得不承认，其中仍存在明显的差异。猛一看，纽约曼哈顿的股票经纪人、中国农民及非洲卡拉哈里沙漠的布须曼人，在日常生活上简直没有一丝共同之处。撰写 16~18 世纪欧洲史的历史学家戴维斯及阿尔莱特·法尔吉评论道："当时一般人的日常生活尚局限在性别与社会阶层的框架内。"这也正是人类所有社会群体的写照：个人生活绝大部分取决于性别、年龄及社会地位。

人一出生，即注定这辈子会拥有哪些经历。一个男孩儿要是出生在 200 年前英格兰工业区的穷人家里，6 岁时就得在清晨 5 点左右起床，急忙赶往工厂操作嘎嘎作响的织布机，直到日落西山才能休息，而且每周得连续工作 6 天。这样的孩子通常会因过度劳累而早早夭折。同时期生在法国产丝区的 12 岁女孩儿，则是整天坐在水盆边，在沸水中浸泡蚕丝，洗净丝中的黏质。由于她从早到晚都裹着潮湿的衣裳坐着，因此极可能会患上呼吸道疾病，手指也会因长期浸泡在热水中而失去知觉。与此同时，生于贵族之家的儿童却忙着学跳小步舞、以各种国家的语言优雅地交谈。

直到今天，人生境遇贵贱有别的现象仍然存在。出生在洛杉矶、底特律、开罗或墨西哥市区贫民窟的孩子，能够指望自己一生拥有什么不凡的际遇吗？而出生在美国郊区、瑞典或瑞士富裕家庭的孩子，过的生活则截然不同。

寒冬眺望窗外，可以见到成千上万相同的雪花漫天飞舞，但如果用放大镜仔细观察，立刻就可看出它们形态各异。人也有异曲同工之妙。我们大可因为苏珊是人类，而判断她会面临何种经验，甚至从她是美国女孩儿、住在特定的社区中、与父母同住、有一份工作而获悉更多的细节。然而，在一切已知且成定案之后，就算知道苏珊全部外在的贫富贵贱等信息，我们也无从判断她会拥有何等生活。这不仅因为人生机遇不可测，更重要的是，由于苏珊具有自主意志，可以自己决定是否要放弃眼前的大好机会，或是努力克服天生的缺憾。

正因人类意识具有这种变通能力，还拥有动机或抉择能力，足以改变结局，因此也最有机会挣脱命运的枷锁。

人生时间的分配

生存，就是在行动、感觉及思考过程中体验一切。体验离不开时间的框架，因此，时间最终会成为我们的稀有资源。年复一年，体验的内涵决定我们生活的品质，如何分配或投资时间，则成为个人最重要的决定。

表 1　时间到哪里去了？

以下数据根据美国近年针对成人及青少年的日常活动研究而得，百分比随着年龄、性别、社会阶层和个人偏好而异。此处列出最高与最低的百分比，每一百分点相当于一周一小时。

生产类活动	总计 24%~60%
上班或学习	20%~45%
工作期间的说话、饮食或胡思乱想	4%~15%
维持类活动	总计 20%~42%
家事（烹调、清扫、购物）	8%~22%
饮食	3%~5%
打扮（梳洗、穿衣）	3%~6%
交通活动（开车、步行）	6%~9%
休闲类活动	总计 20%~43%
媒体（电视及阅读）	9%~13%
嗜好（运动、看电影、下馆子）	4%~13%
谈天、社交	4%~12%
发呆、休息	3%~5%

人类又是如何运用时间的呢？一个人在每天清醒的 16 个小时中，时间的大致运用情形可见表 1。表中数字是根据

生活必要条件所做的估算值，由于年龄、性别、贫富之分，其间差异较大，但大体而言，这些数字已足以表明人类社会的日常状况。

生产类活动

我们平日的活动可以分为三大类。最主要的一类是为求得生存以及生活舒适而不得不做的事，即生产类活动，也就是今日所谓的“赚钱”，因为金钱已成为换取绝大多数事物的媒介。然而，对仍在求学阶段的年轻人而言，“学习”也包括在生产类活动中，因为他们接受教育相当于成人从事工作，而受过教育才有可能获得工作。

人类大约将 1/4~1/2 以上的精力花在生产类活动上，个人差异可依工作种类、全职或兼职的情况而定。虽然大多数全职工作者每周工作近 40 小时，共占每周清醒时间 112 小时的 35%，但这仍不足以反映现实，因为每周工作 40 小时的人，实际上只在工作上花了 30 小时，其余的时间都花在谈话、胡思乱想、做决定以及其他与工作无关的事情上。

这样的工时是长是短，得视比较的对象而定。一方面，根据某些人类学家的研究，如在巴西丛林或非洲沙漠部落等科技较落后的地区，成年男性一天很少为了生计花上超过 4 小时，其余的时间大多用于休息、聊天、唱歌及跳舞。另一方面，西方在近百年的工业化期间，在工会对工时有所规范之前，工人每天在工厂耗去 12 小时以上的情形，可以说是司空见惯。目前我们每天工作 8 小时，则可以说是上述两种极端情形的折中。

维持类活动

生产类活动可创造新的能源，但要保持身体机能及维护个人财物，还得凭借其他手段。因此，我们每天约有 1/4 的时间消耗在各种维持类活动上。我们通过饮食、休息、整理仪容，来维持身体的正常状态，并借着打扫、烹调、购物及各种家务来维护个人财产。传统上，生产类活动多由男性负责，维持类工作则落在女性身上。在今天的美国社会，这样的角色分工仍显而易见。虽然男女花在饮食上的时间不相上下（约 5%），但在其他维持类的工作上，女性所花的时间却是男性的两倍。

男女分担家务有别的情形，在其他地区无疑更为严重。在苏联，男女平等只是空谈，女性医师与工程师结婚后，除了工作外，还须负责所有家务。在全世界大部分地区，男性若为家人做饭或洗碗，不仅毫无尊严，也得不到旁人的尊重。

从人类出现开始，这种劳力区分似乎就已经存在。然而，过去的家务多半需要女性付出极大的体力，但现在，科技的进步为许多生产者减轻了不少劳动负担，水管与电器设备也节省了许多家务劳动者的体力。不过，亚非及南美洲的多数妇女仍将半生精力投注于构筑和巩固家庭的物质与情感结构上。

休闲类活动

扣除必要的生产及维持类活动后，人类剩余的闲暇时间大约占 1/4。根据过去许多思想家的见解，人只有在无所事事的时候，方能了解自己的潜能。希腊哲学家认为，只有在空闲时，人才是真正的人，因为他可以将时间用于学习、艺术、政治等自我开发的活动。事实上，希腊文的

“休闲”（scholea）与英文的“学校”（school）源自相同的字根，原因不外乎：利用休闲时光的最佳方式就是学习。

不幸的是，这一层道理很少有人明白。人们多将空闲时间花在下面三种活动上，而这些活动无一与希腊的休闲方式雷同。第一种为媒体消耗，其中大半是看电视，其次才是少量的报纸及杂志阅读；第二种为交谈；第三种则是较活泼且接近过去的理想形态，如发展爱好、创作音乐、运动、健身、下馆子或看电影等。这三种休闲活动每周所占的时间有 4~12 小时。

所有休闲类活动中，通常最耗精力的是看电视，这可能也是人类历史中最新颖的活动。人类在演化数百万年来，从未有过和看电视一样被动、易上瘾、轻松、吸引人并且占去全部意念的活动。除非是瞪着天空数星星、睡午觉或学着巴厘岛民忘我沉思，那又另当别论。拥护媒体的人们辩称，电视可提供五花八门的有趣信息。这是实话，但电视节目毕竟哗众取宠的成分居多，提升观众层次的作用较小，多数人所观看的电视节目无助于自我开发。

生产、维持及休闲类活动虽消耗人类的精力，但也构成我们由生至死每日思考的一切，因此，人类生活的内容基本上脱离不了与工作、维持、休闲相关的体验。每日生活的总和究竟是一团涂鸦，还是艺术之作，就看我们决定做什么，以及如何去做。

三类社交形态

日常生活的内涵不仅取决于个人的行为，也会受到旁人的影响。我们的行动与情绪常受别人左右，就算这些人不在场也一样。自亚里士多德以来，大家都明白，人是群体动物，不论生理还是心理层面，都需要相互为伴。个人受旁人意见影响的程度，依据不同的文化而有所差别。举例来说，你不能将传统的印度人视为独立个体，而是要将个人看成整个社会网络中的结点。个人的存在并非源自他特有的思想或行动，而是由他的子女、手足、堂表亲、父母所定位。即使是现代，东亚的小孩儿在独处时，也比高加索的小孩儿更记得父母的意见与期望。用心理分析的名词来说，这种人具有较强的“超我”（superego）。然而，就算某人的个人主义色彩再怎么强烈，他的生活内涵仍受旁人极大的影响。

多数人在以下三类社交形态上所花的时间大致相当。

第一类社交形态由陌生人、工作伙伴或同学（对年轻人而言）构成。在这片公共领域中，个人的行动会受他人评判，并与别人竞争资源或建立合作关系。有人认为，这片公共领域对个人潜能的开发极为重要，虽然承担的风险最高，但成长幅度也最大。

第二类社交形态由家人构成。对儿童而言，指的是父母及手足；对成人而言，便是父母、配偶及子女。虽然“家庭为社会单位”的观念近来多为学者诟病，但不可否认，不论何时何地，都没有比“家庭”更适合的替代组合。在家庭里，你和一群人存有特定的亲属关系；和这些人在一起，你会感到无比安心，对这些人的责任感也会格外强烈。与理想的核心家庭相比，不论今天若干重组的家庭形态多么怪异，近亲仍能提供独一无二的体验和感受。

第三项社交形态源于孤独、无人相伴。在科技发达的社会，每人每天约有 1/3 的时间必须独自度过，远比部落社会的个人独处时间长得多。以后者的眼光来看，独处通常是危险的，即使是欧美人士也不认为孤寂会带来愉快，大部分的人都想极力避免这种情形。虽然我们有可能学会享受孤寂，但这仍是一种罕有的品味。不过，不论是否乐意，人们仍须独自履行日常生活中的许多责任，例如儿童必须自己读书与做功课、家庭主妇必须自行料理家事。许多工作或多或少都有一部分需要独立进行，因此就算无法乐在其中，你至少也要学会忍受孤寂，否则生活注定苦不堪言。

心理体验抽样法

以上关于人们如何利用时间的论述，其根据究竟是什么呢？

在这方面，最常见的方法是借民意测验、调查及时间预算进行研究，这通常要求人们在一天或一周工作结束后，填写一份日志。这方法虽然不难，但因人们需靠记忆力填写，所以资料并不一定准确。

另一个方法是所谓的“心理体验抽样法”（Experience Sampling Method，简称 ESM），这是我在 20 世纪 70 年代早期在芝加哥大学创立的研究方法。它采用呼叫器或具有设定功能的手表，提醒受试者按时填写随身手册中的两页问卷。呼叫信号设定为每两小时响一次，由每日清晨起算，至晚间 11 点或更晚。呼叫器响时，受试者要写下所在位置、所做何事、所想念头、有谁为伴，再以数字描述当时的意识状态，例如快乐程度、专心程度、动机高低、自尊心强弱等。

一周下来，每个人可将 ESM 手册内的 56 页全部填完，忠实记下自己所有的日常活动与体验。研究者可以借此追踪受试者一周内每日由早至晚的活动，查出他从事某活动或与某人相处时的情绪变化。

在芝加哥大学实验室中，我们共搜集了 2 300 名受试者一年内所填交的 7 万多页日志，而世界其他地区的研究人员所回收的问卷更是这一数量的 3 倍多。回收数量的庞大自然有其必要性，如此方能巨细靡遗、精确无误地研究人类日常生活的内涵与形貌。不论美洲、欧洲还是亚洲，任何可以采用此法之处，我们都可进行比较。接下来的章节中，我将引用民意测验、调查与 ESM 交互运用而得的结果。

第一章

心流，生命的高潮

所谓“心流”，就是许多人形容自己表现最杰出时那种水到渠成、不费吹灰之力的感觉，也就是运动家所谓的“巅峰状态”、艺术家及音乐家所说的“灵思泉涌”。

生产、维持健康和生存以及休闲类活动虽已占去人们大部分的精力，不过，有人热爱工作，有人憎恨工作，闲暇时光也不见得人人懂得享受，反倒有人因无所事事而备感无聊。由此看来，我们日常所做之事固然与生活形态有关，但如何体验与感受这些行为却更为重要。

就某些方面而言，情绪是构建意识的最主观成分，因为只有你才能判别自己是否真正体验到爱、羞耻、感激或快乐。但情绪同时也是心灵最客观的成分，因为恋爱、羞愧、惧怕或快乐时所体验到的“衷心感受”，通常比我们对外界的观察，或由科学与逻辑中所学到的一切更为真实。

心理学家在文化互异的人种当中，区分出 9 种可通过面部表情反映的基本情绪。由此看来，我们可以认定，人类因为能看能说，而具有一组相同的情绪状态，但若再加以简化，我们也可以认定，所有情绪都呈现两极性：一是正面迷人的，一是负面排斥的。由于这项简单的特质，人类反而能选择利己的事物。例如，婴儿对人的脸部很感兴趣，看到母亲也很高兴，这是因为这些情绪将他和养育者紧密相连；我们会对进食或异性相伴感到愉悦，那是因为人类若对饮食男女不感兴趣，种族必定无法延续；我们在看见虫蛇、黑暗、腐臭物时，会本能地感到厌恶，则是因为这类事物在昔日的演化进程中，皆有不利生存之虞。

除了纯粹遗传性的不同情绪，人类还发展出许多微妙、敏感或低劣的情绪。由于自我反省意识的形成，人类得以“操纵”感情，以其他动物无法做到的方式假装或玩弄情感。前人借由歌曲、舞蹈或面具引起恐惧、敬畏或兴奋的感觉，今人则利用电影、药物或音乐达到异曲同工之效。情绪原是用于回应外在的世界，现在却经常违背原意，成了“为情绪而情绪”。

你对快乐了解多少

快乐是正面情绪的原型，亚里士多德之后的许多思想家都说过，人类的所作所为，最终都是为了追求快乐。我们之所以想追求财富、健康或名声，都是为了借此得到快乐。然而，追求快乐也不是因为它可以带给我们其他好处，因为快乐本身就是目的。但快乐若真的就是终点，我们又对它了解多少？

20 世纪中期之前的心理学家向来不愿研究快乐，因为当时行为科学主流观点认为，主观情绪不宜成为科学研究的对象。数十年来，直到身份未明的经验论在学术界站稳脚跟，主观经验的重要性才再获彰显，对快乐的研究才开始热络。

研究结果虽出人意料，却也不算太陌生。例如，虽说问题和悲剧频传，但世界各地的人对自己的描述总是快乐多于悲伤。以美国而言，基本上，有 1/3 的受试者表示自己“非常快乐”，只有 1/10 的人回答“不太快乐”，大多数的人还是将自己定位在中等程度的“相当快乐”。其他数十个国家的研究也得出了类似的结果。

但是，为什么古今中外的思想家在体悟人生的痛苦与短暂后一再告诉我们，世界充满生老病死，人类注定无法快乐一辈子，而这项研究却得出与此相反的结果呢？也许其间的差异就在于：先哲先贤倾向完美主义，人生的不完美令他们难展欢颜，但芸芸众生却能不完美地欢愉度日。

当然，我们也可以采取较消极的解释，例如，在接受调查时，受访者往往会假装很快乐，或是故作姿态。正如马克思所言，工厂的劳工可以自觉快乐无比，但这种主观的快乐是自欺欺人，毫无意义，因为这些劳工已被剥削劳力的体系所异化。法国文豪萨特早已说过，大部分人都生活在“错觉”之中，甚至假装自己生活在最好的世界中。后来的福柯及后现代主义人士说得很清楚：他人的话并不反映真实，只能视为一种叙述风格，一种只局限在话语上的说话方式。

然而，上述出自个人感悟的论述虽提出了若干重要观点，却同时也染上了学术傲气——这些人士自认对现实的阐释胜过芸芸众生的直接体验。尽管马克思、萨特及福柯心存疑虑，我仍认为，当一个人说他“相当快乐”时，我们就没有理由漠视他的声音，也不应将他的话倒过来思考。

另一项既出人意料却又不陌生的发现，来自物质生活与快乐的关系。

一般人都认为，居住在物质环境好、政治较稳定的国家里的人，会比其他国家的人更快乐（例如瑞士、挪威人会说，他们比希腊或葡萄牙人更快乐），但这并非定律，例如贫穷的爱尔兰人便表示，他们比富裕的日本人快乐。不过，即使身处同一社会中，钱财与生活满意度也不存在固定的关系——美国的亿万富翁只比一般收入的民众快乐一丁点儿而已。1960—1990 年，当美国的个人收入节节上升超过原来的两倍时，声称自己非常快乐的人的比例仍稳定在 30% 的水平。

根据这些发现，我们至少得出一项肯定的结论：只要不是十分贫穷，再多的金银珠宝也不见得能提高人们的快乐程度。

人们自述的快乐程度，也与个人特质有关。例如，健康、外向、自尊自重、婚姻稳固的人，与疾病缠身、内向、离过婚、自卑的人相比，前者更有可能表示自己很快乐。正因为如此，后现代主义者的质疑方能站得住脚。不管在现实生活中的真正体验如何，似乎健康的人更易觉得快乐。由于受访者的原始资料都经过当事人的阐释，他们在描述感受时，其实是在叙说自己的情绪，因此，表示乐于自己抚养子女的职业妇女，在实际生活中，可能比不必为生活忧愁的女性更加快乐。

不过，快乐并非唯一值得研究的情绪。事实上，要想改善生活品质，不应从快乐着手，理由之一是：在自我表白下，快乐并不像其他感受一样，具有显著的个人差异。不论生活多么空虚，多数人都不愿承认自己不快乐。

此外，快乐这种情绪的个人色彩比较重，对情境的反映不是那么显著。换言之，不论外在情况如何，总是有人认为自己很快乐；有些人则不论发生何事，始终认为自己不大愉快。相比之下，其他情绪更易受到个人行动、同伴或地点的影响，变化也相当直接，而且也和主观的快乐联系紧密，长远看来，或许其他情绪还有助于提升快乐的程度。

举例来说，一个人的积极、坚毅及警觉程度，取决于他做什么——面对越艰难的任务，这些情绪越是强烈；一旦任务失败或志不在此，这些情绪也就变得薄弱。当我们自觉积极、坚强时，也比较可能感到快乐。因此，在决定要做什么事情的时刻，你也决定了自己快乐的程度。

生活质量不仅仅取决于快乐，也包括我们为了追求快乐而做的事。如果一个人不能设定生存目标，不能充分运用心智，他所获得的美好感受不过只是人类潜能的一小部分。人若像伏尔泰笔下的老实人那样离群索居，以耕种自足，这种生活便称不上美好。没有梦想、没有风险，生活也就变得微不足道。

意图与目标

情绪源自人的内在意识状态。忧伤、恐惧、焦虑或无聊等负面情绪，会在内心产生“精神熵”（psychic entropy），导致我们无法集中精神处理外界事务，也无法恢复内在主观情绪的常态；快乐、力量或机敏等正面情绪则是“精神负熵”（psychic negentropy），你既不必费心思量，也无须自艾自怜，精神能量自可畅通无阻，进入你所有的思想及行动中。

当我们决定将心思投入特定工作时，就是替自己设定了一项目标；至于循着目标前进花了多少时间与力气，则又牵涉到动机。由此可知，意图、目标及动机也同样属于“精神负熵”的呈现。在集中心力、设定事情的轻重缓急之后，意识即能变得井然有序。若缺少这些情绪，心智运作必定杂乱无章，感受也会瞬间趋于恶劣。

不少证据显示，虽然人们在自动自发时感受最佳，执行责任性工作时的心情却不见得最恶劣。当你做事的动机是因为没有其他事情可做，此时才是精神熵的最高点。由此可知，不论行动的目的是出自内在动机（自愿）还是外在动机（被迫），都比漫无目的的行动来得好。许多人一生中的大多数时间都处于这类无动机状态，这部分仍具有极大的改进空间。

意图所需的精神能量是短期的，目标则需要长期的精神能量。你会被塑造成什么样的人，最终还是受你追求的目标所左右。一个人若缺乏一贯的目标，就会三心二意，难以贯彻始终；唯有确定目标，持续投入精力，个人才能获得循序渐进的体验和感受。这种稳定合理的行动、情绪或抉择所呈现的秩序，也将如个体般具有“个别性”。

目标也决定了一个人的自尊。诚如百年前的哲学家威廉·詹姆斯所指出的，自尊心的强弱取决于期望与成功的比例，自尊心弱是由于目标定得太高或成功次数太少。由此可知，成就高的人不一定拥有超强的自尊心，例如，成绩优秀的亚裔美籍学生，他们的自尊心便比其他成绩差的少数族裔弱，问题症结在于他们将目标定得太高，成功大为不易。此外，外出担任全职工作的母亲，其自尊心也比不用工作的母亲弱，原因是她们虽有较高的成就，却仍达不到自己的期望。

掌控你的精神能量

意识的内容也包括心理认知的运作。思考是万分复杂之事，我们无法在此做系统化探讨。不仅如此，在讨论日常生活时，我们还不得不加以简化。

通常只要一提到人类的思考，大多数人都会认为，这和智力分不开，并且多半对思考的个别差异感兴趣，例如“我的智商有多少”或“他是数学天才”等。但智力涉及各种心智运作的过程，如个人心算的能力，或对文字资讯的感受度。但美国心理学家霍华德·加德纳却表示，智力的概念也可延伸到辨识及使用肌肤感觉、声音、感受与视觉形状等各式信息。有些儿童天生具有超乎常人的音感，比其他人更善于辨别音色与音调，长大后也比同辈更容易学会辨识曲调、编写和音。同理，幼年时的若干优点，日后也可能发展成超凡卓绝的视觉、体育或数理能力。

要使先天的才能转变成充分发展的智力，你就必须学会控制注意力。唯有不断投注精力，具有音乐天赋的孩子才有可能成为音乐家，具有数学禀赋的儿童才可能成为工程师或物理学家。要达到专业人士的心智运作水准，需要花费更多心力去吸收知识与技能。莫扎特固然是神童与天才，但要不是父亲在他一脱离襁褓后立刻逼他练习琴艺，恐怕这份才气也难以开花结果，取得日后的成就。学会集中注意力，我们方能掌控自己的精神能量，进一步投入各种思考活动。

所谓思考，乃是精神能量汇整的过程。情绪会借助喜恶，动员全身，以集中注意力，而目标靠的是想象内心期待的结果，思想则会通过相互关联的一连串有意义的意象，来控制注意力。

举例来说，因果关联是人类最基本的心智运作之一，这一能力可以由婴儿明白伸手即可摇动床边铃铛得知。思考能力的发展，即是以这种简单的因果推断为基础。然而，随着年岁增长，因果的推断步骤日益抽象，远离具象的实体。例如，电工、作曲家及股票经纪人得同时思考脑中无数符号间的可能关联，例如瓦数与欧姆数、音符与节拍、股票的买价与卖价等。

情绪、意图及思想显然不是意识中的独立体验，三者始终相互关联、交互影响。例如，某青年爱上一名女子，体验到各种由爱衍生的情绪，为赢得她的芳心，他开始思索达成这一目标的方法。他想借由时髦的新车引起女子的注意，在他原本单纯的追求目标中，此时又衍生出一项赚钱买车的目标。然而，工作时数的增加，影响到他的追求计划，令他产生负面情绪，连带又衍生新的念头，他的目标便不断随着情绪变化。人的体验就是如此，同时包含许多类似的成分。

要想提升心智运作的层次，你必须学会集中注意力；若无法全神贯注，意识便会陷入混乱。在正常情况下，心灵若处于资讯错乱的状态，念头会一个个冒出来，全无逻辑上的因果关联。除非学会集中注意力，肯下功夫，你的思绪才能井然成序，汇整出结论。即使是做白日梦（即将愉悦的想象情景加以整合，在心中创造出一出动画），也需要集中注意力——不过，显然许多儿童从未学会做白日梦的能耐。

在背离动机与情绪的情况下，注意力更不易集中。厌恶数学的学生，若要他花时间定神细读微积分，恐怕十分困难。除非动机格外强烈（例如决心通过考试），否则不易做到。一般说来，心里越挣扎，越难集中注意力。但如果热衷此事，动机又充足，就算万般棘手，你也能轻而易举达到全神贯注的境界。

心流体验：专注的快乐

日常生活中，不同的体验感受很少同时发生。例如，我工作时很专心，那是因为我必须集中精神，才能做好老板交代的任务。然而，我平时却不见得乐意这么做，因此我的内在动机略显薄弱。同时，我又为儿子青春期的古怪行为担忧，因而心思虽部分集中在工作上，却又没有完全投入其中。这并不表示我的内心一团混乱，只不过意识有些零散，思想、情绪及意图一会儿集中，一会儿散去，形成几股相悖的力道，将我的注意力扯散。换个例子，下班后，我喜欢与三五好友喝两杯，但也会一面为自己的迟归感到内疚，一面为自己浪费时间与金钱而生气。

上述例子并不罕见，日常生活中比比皆是，我们很少因心（heart）、意（will）、念（mind）的同步而内心涌现宁静。意识中，欲望、意图及思绪总是相互抵触，我们很难化解其中的分歧，使它们齐步前进。

现在，我们不妨来想想其他替代办法。

例如，想象你正由山坡上滑雪下来，全副精神都放在身体的动作、滑雪板的方位、刮过脸颊的咻咻气流，以及自身旁呼啸掠过的白色树丛上，丝毫不容你产生相反或抵触的念头。你明白，只要情绪或心念上有一丝疏忽，就可能一头栽进雪堆里，如此一来，你还敢掉以轻心吗？在这种全神贯注的情况下，你滑得顺畅无比，真希望就这么永远滑下去，让自己彻底沉浸在这份感受中。

倘若滑雪不投你所好，不妨换一项你喜爱的活动，如参加合唱团、设计电脑程序、跳舞、打桥牌、读一本好书等。或者，你和许多人一样热衷工作，大可让自己沉浸在一项艰巨繁复的外科手术，或是高难度的商业交易中。你也可以由人际互动寻得这类陶醉感，例如与三五好友谈心、亲子嬉戏等。这些活动的共通之处在于，当事人内心全部充满相容、和谐的感受，欲望、意图与思绪在这时协调一致，与日常生活中常见的状况截然不同。

这类特殊时刻就是我所谓的"心流体验"(flow experience)。"心流"隐含的意义，就是许多人形容自己表现最杰出时那种水到渠成、不费吹灰之力的感觉，也就是运动家所谓的"巅峰状态"、艺术家及音乐家所说的"灵思泉涌"。运动员、艺术家等在达到心流境界时，所做的事情虽各不相同，但他们对此体验的感受描述却大同小异。

心流活动：能力与挑战的平衡

当你面对一套清晰的目标，而此目标又需要你采取适当的手段时，例如下棋、打网球、玩扑克牌等，便很容易达到心流的境界。因为这些活动都有明确目标，具备行动准则，参与者自然就知道该做什么、该如何做。参赛者在赛局进行期间，内心会呈现一种封闭自足、非黑即白的明晰状态。同理，进行宗教仪式、弹奏乐器、编织毛毯、编写电脑程序、攀登山峰或做手术时，也可达到相同的目标清晰状态。

有助于心流产生的活动，称为“心流活动”，因为这类活动令人感受到心流的出现，它可以让人全神贯注在明确、相容的目标上，与日常生活正好相反。

“即时反馈”是心流活动的另一特征。它让人知道自己究竟做得好不好，你可以在完成每一步骤之后，立刻判断自己是否有所改进。如登山者每攀登一步，便知道所在位置又上升一截；歌唱者每唱过一小节，便可听出自己所唱的音符是否与乐谱相符；纺织工每编织好一排，也可以看出所编的是否正确无误；外科医生也不难看出，自己下刀是否避开动脉、是否导致大量出血。无论是居家时间还是工作时间，我们很可能经常处于浑浑噩噩的状态，但是在心流活动中，我们却很清楚自己在做什么。

尽全力接受挑战，并达成目标，即有可能产生心流。最优体验（optimal experience）多半来自个人能力与机会之间的平衡。由图 1.1 可以看出，假若挑战的难度过高，会令人深感挫折，接着是担心，最后产生焦虑；如果挑战太过容易，你的能力绰绰有余，继轻松之后，你就会感到无趣；若挑战难度低、个人能力也不足，当事人的态度自会趋于淡漠。只有高难度挑战与卓越的能力相互配合，个人的全心投入才可能触发心流，塑造异于平常的体验与感受。

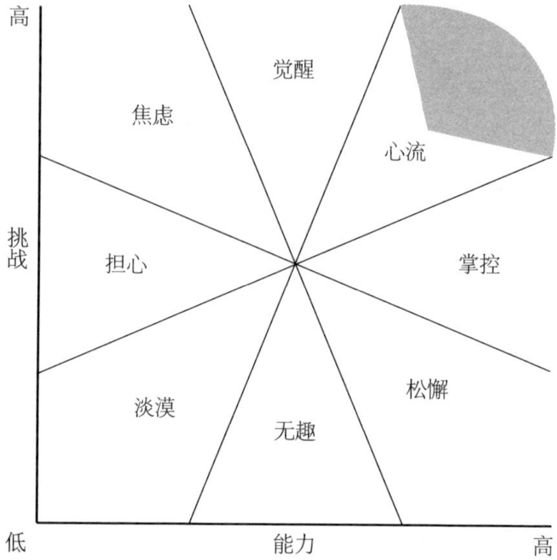

图 1.1 随着挑战与能力的关系转变，个人的体验感受也会有所不同；当两者均位于最高点时，最容易产生心流，即最优体验

使出浑身气力攀登山峰的登山者、拿出看家本领唱歌的歌手、织出空前繁复图案的纺织工，以及必须更新手法

或随机应变以进行手术的外科医生，都最有机会获得心流体验。

在目标明确、能够得到即时反馈，并且挑战与能力相当的情况下，人的注意力会开始凝聚，逐渐进入心无旁骛的状态。由于心流发生时，人必须投注全副精力，意念因此得以完全协调合一，丝毫容不下无关的念头或情绪，此刻自我意识已消失不见，但感觉却比平日强烈，时间感也有所扭曲，只觉得时光飞逝，瞬间已过数个小时。一旦整个人的身心都发挥到极致，不论做什么事都会价值百倍，而且生活本身就会变成目的。在身心合一、专注的情况下，生命终将获得极致的发挥。

以上即为心流感受的全部内容。它并不像快乐那样，有助于生活的美好——处于心流状态时，我们并不会觉得快乐，因为要体验快乐，内心必须专注如一，如此难免会让注意力脱离手边的工作。倘若攀岩者在举步维艰时，还要分心感受快乐，很可能就会失足摔落谷底；手术中的外科医生、弹奏艰涩乐曲的音乐家也不例外。只有在完成任务后，才有余暇回顾刚才发生的事，进而为这种最优体验心生感激，并自内心涌现快乐之情。

然而，人类无须体验心流也能感到快乐。在身体放松休息、享受暖阳或是人际关系和谐愉悦的情况下，人们也能由这类消极的休憩体验到快乐。这些时刻固然值得珍惜，但此类快乐却十分脆弱，而且需要借有利的外在环境方能产生。唯有继心流而来的快乐，是自己塑造所得，对个人意识的拓展与成长才有助益。

由图 1.1 可看出心流有助于个人成长的原因。假设某人处于图中的“觉醒”状态，也没有什么不好，因为当你“觉醒”时，心念会变得专一、主动而投入，但还不算十分坚强、振奋或掌控一切。如何进入更愉悦的心流状态呢？答案很明显，就是学习新技巧，提高能力水平。如果处于“掌控”的状态，同样也能获得快乐、坚强、满足的感受，但仍缺少全神贯注、全心投入及办理要事的感觉。那么，该如何达到心流状态呢？答案便是：提高挑战的难度。

由此可见，“觉醒”与“掌控”是两项重要的学习情境，较其余各项更佳。当你处于“焦虑”或“担心”状态时，距心流还有几步之遥，因此，你应该退而求其次，由难度较低的挑战入手。

心流体验宛若一块学习的磁石，帮助你发展高超技巧，并向高难度任务挑战。不论做什么事，若能一面乐在其中、一面不断成长，就是最理想的状况。不幸的是，事实并非如此。

一般说来，在无趣或淡漠状态时，人们多半难以进入心流境界。我们宁可用现成的电影情节或其他娱乐来填充脑袋，或者因自觉心有余而力不足，而甘愿沉沦于药物、酒精等松弛剂，以此自我麻痹。要想获得极致的体验与感受，必须投入大量精力，然而我们却常因意愿或能力不足，不愿踏出第一步。

心流体验出现次数的多少，取决于我们是否将轻微的心流情形包括进去。

如果有人询问美国大众，他们是否曾全心全意做一件事，而忘却周遭其他事物和时间的存在，大约有 1/5 的人会回答"是"，并同时表示，一天中总会出现好几次类似的情况。但持否定回答的人也占了 15%，两者的比例似乎十分稳定，且放诸四海皆然。

有一项针对 6 469 名德国人进行的调查，同样的问题所得到的回答如下：经常，占 23%；有时候，占 40%；少有，占 25%；从未出现或不知道，占 12%。当然，如果只计算最显著、极致的心流体验，数字必定远低于此。

受访者所述的心流体验多集中在偏爱的活动上，如园艺、欣赏音乐、打保龄球、烹制佳肴等，在开车、与朋友谈话时也有可能出现。至于工作时间，心流体验更是经常发生，着实出人意料。

根据受访者的报告可知，当人们从事被动、消极的休闲活动，如看电视或放松休息时，心流体验往往最为罕见。但只要各项条件俱全，几乎所有的活动都能产生心流。因此，若确定自己能尽量保持清晰的目标，能得到立即的回馈，能力与挑战难度相匹配，以及其余的心流要素，你仍然大有机会提升生活品质。

第二章

不同的活动，相异的感受

改变生活品质的第一步是：注意每天所做之事，并体验在不同活动、场合、时段的感受。

生活品质如何，要看人在70年（或更多）岁月中做了些什么，以及这段时期的意识流转情形。一般说来，不同的活动会带来不同的体验与感受，这是众所周知的。倘若一辈子都做些令人灰心丧气的事，你便不可能拥有愉悦爽朗的人生。

大致来看，所有的活动都兼具正反两面。例如，人在进食时的感觉通常会比平时更好，若将一个人整天的快乐程度变化绘成图表，图内曲线便宛如旧金山的金门大桥侧面图，最高点正好就是进食时刻。然而，人在吃喝之际，精神的专注度却也处于最低点，极少出现心流。

人类因活动而产生的心理变化并非线性，而应视此活动与其他活动的关联而定。例如，食物虽是产生愉快情绪的最佳途径，我们却无法靠不断进食来获得快乐。饮食即使有助于提升快乐，但进食时间也仅占每日清醒时段的5%。如果分分秒秒都用于吃喝，我们会立刻对食物丧失乐趣。其余如性、休息、看电视等人生乐事，也是相同的道理：少量即可明显改善日常生活质量，且又不致上瘾成癖；数量越是增多，“报酬率”便越是降低。

日常活动的不同感受

表2.1列出了一般人日常活动的体验与感受，从中可看出成人在工作（或儿童在写作业）时，快乐的程度通常不及平时，动机也较薄弱，然而注意力却十分集中，心智运作的投入程度高居一整天各项活动之首。出乎意料的是，工作通常也是心流发生的时刻，其原因是：此时的挑战难度与应变能力都很高，而且目标明确、回馈迅速。

当然，“工作”的定义太广，所以难以精确归纳。一般说来，体验的品质与当事人的职业有关，如交通控制员就比守夜人员需要更大的专注力，自行创业的企业家也比公务员更具强烈动机。然而，相异的职业却也具有相同的特质，如经理与工厂操作员的工作体验会十分近似，居家体验则相距较远。

表 2.1 日常活动的体验品质

根据美国近年针对青少年和成人日间活动的研究，各项活动的典型体验性质如下：

–：低；– –：更低；○：中等；+：高；++：更高

	快乐	动机	专注	心流
生产类活动				
工作或学习	–	– –	++	+
维持类活动				
家事	–	–	○	–
饮食	++	++	–	○
打扮	○	○	○	○
开车、交通活动	○	+	+	+
休闲类活动				
被动式休闲：媒体（电视及阅读）	○	++	–	–
主动式休闲：爱好、运动、电影	+	++	+	++
谈天、社交、性	++	++	○	+
发呆、休息	○	+	–	– –

此外，同一份工作会给人不同的体验。例如，某经理热爱执行计划，却痛恨开会；某操作员乐于装配机器，却厌恶盘点存货。但是，若与其他类别的活动相比，工作的体验具备显著特质，反而较有规则可循：越接近心流状态，

精神越是专注，感受也越加正面。工作时，人若能具有明确的目标、迅速即时的回馈、挑战与能力相当、感觉一切都在掌握中，并维持相当的专注力，当时的感受将无异于亲身参与一场球赛或艺术表演。

维持类活动的体验与感受则存在相当大的分歧。很少人乐于做家事，因此，它四个项目的评分不是中等，就是低分。但若细究，便可发现，烹调通常被归为正面体验，尤其在与打扫相比时更是如此；而梳洗、穿衣等个人整洁项目，性质大半偏向中性，既不正也不负。如前所述，进食是一天中情绪与动机最佳的时刻，但此时的认知运作却十分低落，罕有心流出现。

维持类活动的最末一项为开车，此项活动竟然十分正面。虽然它在快乐与动机方面仅居中等，但因必须用到技巧与专注力，有些人在此时获得心流体验的概率反而比其他时候还多。

如一般人所料，休闲是一天中最具正面感受的活动，是想做什么就做什么的时刻，因此动机最为显著。然而，很多结果仍然让我们感到很意外：如看电视、阅读、休息等被动式休闲活动，虽然令人十分愉快，又具备明显动机，却无法使人进入全神贯注及心流的状态。纯粹社交性的谈天，虽在专注力上偏低，其余各项仍相当正面。谈情说爱或性交固然是一天中的高潮，但毕竟不是多数人所能享受，因此对整体生活品质并未造成影响，除非当事人拥有的男女关系兼具知性和感性，而且维系时间也长，那又另当别论。

主动式休闲也是十分正面的体验。当人们从事爱好、运动、弹奏乐器、看电影或下馆子时，大多比较快乐、专注、有动机，而且比一天中任何时候更容易产生心流。在这些时候，不论快乐、动机、专注力还是心流等体验都达到巅峰，并且彼此协调一致。然而，我们不可忘记，主动式休闲通常仅占个人整天空闲时间的 1/5~1/4，更有许多人因花费太多时间从事看电视等被动式休闲，而牺牲了主动式休闲。

规划生活，获得最优体验

另一种解读表 2.1 的方式是提出问题：哪一项活动最让

人快乐？从事哪一项活动的动机最强？如果认真作答，你一定会发现，最快乐的时刻出现在进食、主动式休闲及谈天，而最不快乐的时刻是工作或做家事时。

动机的模式也与此相似，只不过，被动式休闲的快乐程度虽低，人们仍有意愿进行。至于专注力，它的最高点表现在工作、开车及主动式休闲中，这些都是一天中最耗损精力的活动，也是最常产生心流的项目。

通过这个角度分析表 2.1，可再度看出，主动式休闲的整体体验最佳，做家事、个人保养及发呆最差。

由此可知，改善生活品质的第一步在于：妥善规划日常活动，以从中获取最有助益的体验与感受。此举看似容易，但在巨大的惰性及社会压力下，人们往往分不清自己究竟喜欢生活的哪个部分，也辨别不出压力与挫折来自何方。我们可以试着在每天晚上回顾当天的活动，或借由日记有系统地清查各种影响情绪的事项，并逐步增加获得高分的活动，递减其余得分低的活动。

由马丁·德·德弗里斯医师所提出的一桩罕见病例，也许能说明这一方法的可行性。

德弗里斯是荷兰一所大型精神病院的精神科医师，这家医院分发 ESM 手册给病人填写，借此得知他们一天的活动、念头及感受。其中一位患有精神分裂症的女性患者，住院已超过 10 年，她思路不清、病况严重，很少有情绪变化。然而，由她两个星期内的 ESM 记录却发现，她曾出现两次情绪高亢的时刻，而且正巧都是在修剪指甲时。医疗人员认为这是个发现，便找来专业人员教她修剪指甲的相关技巧，而她也十分热衷于学习，过了没多久，她便开始替病友修剪指甲。

此后，她的性情产生了 180 度的大转变，院方也同意，在有人监护的前提下让她出院。她在家门口挂起招牌，不到一年就能自力更生了。没人知道为什么修剪指甲是她需要的挑战。对这名患者而言，在人生的此时此刻，改以修剪指甲为业，至少为她的生命带来些许类似心流的体验。

意大利米兰大学的弗斯托 · 马西米尼教授与同事也采用 ESM 作为诊断工具，借此改变病人的活动形态，增进其个人幸福感。倘若某位患者始终离群索居，他们就替他找一份工作或业务活动，让他有机会与人群接触；如果有病人惧怕生人，他们就带他去拥挤的街市开眼界，或者去跳舞。在医疗人员的陪同下，让病人离开安逸的办公室，亲临问题情境，通常有助于病人排除心理障碍，进而改善他们的生活品质。

有创意的人特别善于安排生活，因此不论他们做什么、何时做、与谁一起做，都能获得最佳成果。假如他们需要的是顺其自然或乱无章法，也难不倒他们。小说家里查德·斯特恩对于个人日常生活律动（rhythms）有一段十分典型的描述：

> 我猜，这和别人的“律动”大同小异。任何一个有工作的人，不是生活有一定的规律，就是在生活中设定好独处或群聚的时段。无论如何，他会为自己编妥一套时间表。但在我看来，这并不纯粹是外在、表面的现象，还涉及生理、荷尔蒙、器官，以及它们与外界的关系。

试问一个很平常的问题：你早上看报吗？我在多年以前有此习惯，但已经几年没这么做了，日常的律动也因此有所改变。有人爱在晚上固定时间喝一杯酒，因为此时他的血糖较低，使得他盼望这么做。当然，工作时也有类似情形。

日常律动的主要特质是时而孤独，时而群聚。我们一再由研究中发现，人在孤单时会情绪低落，有人相伴时则较有活力。受访者在独处时的回答，大多显得不快乐、不专心、无动机、淡漠，以及其他各种负面特质，如被动、孤独、无归属感、自卑等。

重视人际互动

对于未受教育、贫穷、单身或离婚等资源较少的人而言，孤独的影响更为显著。这些人处于群体中时，通常不会出现病症，只有孤独时才会产生异状。凡被诊断患有长期忧郁症或饮食机能失调的人，只要有人相伴或全心投入一件事，便与健康的人无异。但当他们孤独无伴且无事可做时，心中便会充满沮丧的念头，意识逐渐紊乱。事实上，同样的情形也会发生在其他人身上，只不过程度较轻微。

其中的道理在于：当你必须与旁人打交道时，即使对方是陌生人，你的注意力仍会因外在需求而集中。旁人的出现为你带来目标，并提供回馈。即便是最单纯的互动，如询问时间，也是一种必须发挥人际互动技巧的挑战。所有一颦一笑、语音顿挫、态度举止，都是你在街上拦截生人、礼貌问话所不可少的技巧。若互动更加亲密，技巧及挑战的难度也会直线上升。由此可知，人际互动具有许多心流特征，需要你不断投注精力。相反，当你无人为伴、无事可做，心念自然无须集中，此刻的你只好胡思乱想，甚至大钻牛角尖。

朋友可带给人十分正面的体验与感受。有朋友相伴的人会表示，他此刻快乐，而且显得敏锐、振奋、好相处，并且有强烈的动机——青少年尤其如此，七八十岁的退休老人也不例外。友谊对人生的重要性往往被人低估，如果身旁有个人愿意听你诉苦，给你情感上的支持，你的生活品质一定会大幅提高。根据全美调查，遇事若至少有五名可以相互商量的朋友，这种人“非常快乐”的概率比其他人高出六成。

与家人相处的体验属于一般水平，不会比与朋友相伴快乐，但也不如独处时那么糟糕。然而，这项平均值的背后却是一些南辕北辙的答案。例如，某一刻你可能在家中勃然大怒，但下一刻又欢天喜地。若是工作时间，成人多半注意力较专一、念头较集中，但在家中，成人的动机及快乐程度则较高。同样，儿童在学校及家中的状况也呈现类似的结果。

家人间的互动体验多因对象而异。例如，父亲与子女相处时，常出现正面情绪，五年级以下的儿童也有类似情形。此后随着年龄增加，子女与父亲相处的情绪会渐趋负面（至少到八年级是如此，八年级以上因缺乏资料，无从得知）。

由朋友对体验品质的深刻影响可知，在人际关系上多花些精力，可有效改善生活品质。即使只是在附近酒吧，与别人天马行空地闲扯，也能一扫你满腹阴霾。不过，若想拥有真正的成长，你还是需要找一个能够提供意见、具有智慧的人。忍耐孤寂，甚至享受孤寂的能力固然不易习得，但就长远来看，却是一种十分有用的技巧。

环境也会影响情绪

日常生活的场所包括家庭、汽车内、办公室、街道及餐馆等。除了活动内容和朋友，场地同样也能影响一个人的体验和感受。

举例来说，青少年在远离成人的监护时（例如在公园）感觉最佳，而在学校、公共场合等必须行为检点之处则感到最为拘束。成人也偏好公共场合，此时多半是与朋友相处，或进行自愿性的休闲活动，其中尤以女性为最，因为能够步出家门，就代表从乏善可陈的工作中解脱；但对男性而言，出现在公共场合，却多与工作或其他责任有关。

对许多人而言，开车向来让人产生一种自由、尽在掌握的感觉。由于此时可以不受干扰、全神贯注，并在汽车内解决情绪冲突，因此有人称汽车为“思考机器”。对许多家庭而言，汽车也是团聚的场所。在家里，父母与子女平时分散在不同的房间，各做各的事，只有在外出坐车时，才会一起聊天、唱歌或玩游戏。

屋内房间也各有不同的情绪特色，多与房间个别的活动目的有关。例如，男性会表示，他们在地下室的情绪最好，女性则相反，原因可能是：男性到地下室是为了休息或做点儿自己喜欢的事，女性则是为了洗衣服。女性情绪最佳的地方是浴室及厨房，因为在浴室时，可以暂时远离家人的召唤及需求；在厨房时，则可以一手掌控，投入胜任愉快的烹调活动（事实上，男人比女人更乐于烹调，原因自然是他们平时的烹调时间还不及女人的1/10，大可以随兴所至）。

尽管许多文章都谈到居住环境对人心的影响，但这方面的系统性知识却尚未建立。自古以来，艺术家、学者、修行者就已经知道挑选最有利于启发灵感、抚平心灵的环境。佛教的出家人在恒河发源地打坐，中国文人在风景如画的岛上亭阁舞文弄墨，基督教的修道院也选在可以远眺的山上修建。当今美国的研究机构或企业的研发部门，无不坐落在起伏的山丘上，远望地平线彼端的海洋，或欣赏湖面上悠然自得的鸭群。

如果采信艺术家或思想家之言，合宜的环境确实能为我们带来灵感及创造力。正如同音乐家李斯特在浪漫的科莫湖畔所写的："我感受到四周各式各样的自然特质……在心灵深处激起情绪反应，令我想以音乐抒发出来。"1967年诺贝尔化学奖得主曼菲尔德·艾根说过，他的若干重要心得，都是冬季赴瑞士阿尔卑斯山旅行时所获，他在当地和世界各地的同好一起滑雪、谈论科学。如果有人读过丹麦物理学家波耳、德国物理学家海森堡、天文物理学家钱德拉塞卡、德裔美籍物理学家贝特等人的传记，便不难得知，这些人若非因为爬山及观星，日后也不会获得卓越的科学成就。

为了获得耳目一新的体验品质，不妨在活动类别及友伴之外，再增加环境因素，并加以实验，或许十分有用。例如，外出、度假有助于清心醒脑、改变观念，以崭新的眼光看待自己；整理住家及办公室环境（清理杂物、重新装潢，令人身心舒畅），也可能是重振生活的第一步。

了解自己的生物周期

我们时常耳闻生物周期的重要性，以及人们对“忧郁星期一”与周末截然不同的感受。事实上，人的体验与感受由早到晚变化非常大：早晨与深夜是许多人情绪的低点，进餐时刻与下午是情绪的最高点，最大的变化则出现在儿童放学及成人下班回家之时。

但并非所有的意识都朝同一方向转变。例如，青少年夜间与朋友外出时，他的兴奋程度会随时间推移而增强，但自制力却会渐减。除了这些一般差异之外，还有个别差异，例如，在每天的各个时刻，早起者与晚睡者的变化正好颠倒。

尽管一周内有特定几天向来不受人喜爱，但就整体来看，大家在每一天的感受似乎大同小异。诚如一般人所料，人们在周五下午和周六时感觉最佳，在周日早晨及周一早晨则较差，但其中的差距却不见得如我们所想的，这和个人对时间的计划大有关系：周日早晨如果无所事事，你大概也快乐不起来；但若排定某些活动，或做礼拜等熟悉的仪式，那就可能成为你一周中最亢奋的时段。

有一项有趣的发现：有些人在不工作、不学习或周末期间，常有明显的生理病症出现，例如头痛、背痛等。女性癌症患者在有朋友相伴或参与某些活动时，对病痛尚能忍受，但在独自一人、无所事事时，疼痛会突然暴增。很显然，意念若未投注于某一特定事物，注意力即转移至生理的不适。

心流体验也是相同的道理。当棋局进入难分难解的局面，棋手可以好几个钟头感觉不到饥饿或头痛；赛程中的运动选手在赛局结束前，也同样不觉得疼痛、疲累。只要注意力凝聚合一，些微的不适根本引不起当事人的察觉。

除了每天的时刻变化等生活变数，你还必须找出其他对你最适宜的“生物钟”。我们无法找出适合每个人的特定日子或时刻，但你可借由自我检讨，找出个人偏好的时段，或是借由试验各种方法，如提早起床、下午小睡一番、改变进餐时间等，找到最优组合。

注意做事方法

以上诸例的探讨，就好像人类是被动的物体，内在状态完全受所做之事、所伴之人、所处之境左右。这固然有一部分是正确的，但在做最后分析时，我们的目光并未放在外在因素上，而是在于人应该怎么去处理、面对问题。我们大可以高高兴兴做家事、动机高昂地上班办公，或是专注与小孩儿说话。换言之，日常生活品质的优劣并不取决于我们所做之事，而是取决于做事的方法。

然而，在讨论如何借着转换念头以掌控体验品质之前，我们仍需探讨场所、人物、活动及时段等日常环境因素对人们的影响。即使是才高八斗、完全不受外界影响的天才，也喜欢坐在特定的树下，吃特定的食物，与特定的人为伴。而且，大多数人在怡然自得的状况下，脑筋也多半比平时更灵活。

由此可知，改善生活品质的第一步是：注意每天所做之事，并体验在不同活动、场合、时段及同伴情况下的感受。尽管一般趋势也适用（例如进餐时比较愉快，从事主动式休闲活动时经常出现心流），仍可能有意料不到之事。你可能会发现，自己喜欢独处，或者超乎想象地热爱工作。也许你觉得，阅读比看电视的感受更佳，或者上述各情形都不适合于你。

人的生活体验并无定律可循，找出最适合自己的才是第一要务。

第三章

工作的悖论

当人处于高挑战、高技巧的状态下，且自觉十分专心、深富创造力、相当满意之时，多半是在工作当中，而非闲暇时段。

一般而言，工作占去人类生活 1/3 的时间。它是一种很奇怪的体验，既为人营造专注、满足的时刻，给人骄傲及归属感，却又是大多数人避之唯恐不及的事。近来的调查报告显示，美国有 84% 的男性及 77% 的女性认为，就算继承大笔的财富，生活无忧，往后仍将继续工作。

工作既然占去许多时间，影响意识也很深，便不容忽视其重要性，那么，要想改善生活品质，便得先查清其中疑点。然而，在此之前，我们先快速回顾一下工作的演变史，以及至今仍影响人们心态及体验的矛盾工作价值观。

工作演进史

“工作”是近代历史的发展结果。12 000 年前，当时集约型农业尚未出现，所谓的“工作”并不存在。在那之前的数百万年演化史中，男男女女只为自己或亲人的生存而忙碌，并不会替他人工作。对以狩猎采集为生的人而言，工作与生活是合为一体的。

西方古文明中的希腊、罗马哲学家表达了一般大众对工作的看法：人应竭尽所能地避免工作，无所事事才是崇高的美德。亚里士多德说过，只有不必工作的人才会快乐。罗马哲学家也认为：“靠薪资过活是卑贱的，不值得自由人去做……手工艺很卑贱，商业销售也是如此。”最理想的情形是：征服或购买一块沃土，再雇用员工去监督负责生产的农奴或契约工。

在罗马帝国时代，大约 20% 的成年男性无须工作，这群无所事事的人自认生命已达极致。到了共和时代，这项观念才有所改变，增加了若干实质内容，即统治阶级开始自愿从军或从事行政工作，一方面既协助社区，另一方面也拓展个人的潜能。但在闲散几个世纪之后，无所事事的阶级就从公共生活退出，让自己纵情于奢华享乐之中。

大约在 500 年前的欧洲，工作开始产生巨幅改变。200 年前又出现一次大跃进，此后持续以飞快的速度转变，直至今日。

13 世纪之前，几乎所有的工作都使用人力或畜力，只有水车一类的少数原始机械可减轻负担。此后，各种不同挡速的风车也逐渐出现，取代碾谷、挑水、为炼铁炉扇风等劳役。蒸汽引擎的发展及日后电力的开发，更进一步革新了人类转换能量及生活的方式。

各种科技的突破使工作不再被视为牛马即可胜任的纯粹体力劳动，而成为一种技术性及展现天分与创造力的活动。到了加尔文[①]时代，当时的人已十分看重“工作伦理”，因此，马克思日后才会颠覆传统的劳动价值观，主张唯有经由生产活动，才能了解人类的潜能。他的立场并未背离亚里士多德“空闲即自由”的主张，只不过，19 世纪的工作似乎较游手好闲更加多彩多姿。

第二次世界大战后的数十年民生富裕期，美国的大部分工作尽管索然无味，但大体上却为民众带来了舒适及安全感。许多人都认为，未来必会出现一个没有工作的新纪元，或者至少那时工作已转变成纯粹白领式的督导事务，

① 约翰·加尔文（John Calvin，1509—1564），法国宗教改革家。——译者注

一周仅需花费数小时。但没有多久，这个美丽梦想便告破灭，全球竞争让亚洲及南美的低薪人口进占劳动力市场，工作再次成为美国人的梦魇。渐渐地，当社会安全网面临松绑之时，对未来缺乏信心的大众不得不尽量工作。

因此，直至今日，人们对工作仍旧抱着爱恨交织、充满矛盾的态度，虽然知道工作是生活的重要元素之一，但真正在工作时却又百般无奈。

工作中的两难情境

我们如何学会这种矛盾的工作态度？现代的年轻人又是如何学习成人生产工作所需的技能与纪律？这是很重要的问题，因为随着世代推移，工作逐渐变成模糊的概念，年轻人越来越不清楚自己以后可以做哪些工作，也不明白该如何准备。

过去在阿拉斯加、美拉尼西亚等渔猎社会，甚至今天的某些地区，儿童仍会自幼即参与父母的工作，此后循序渐进，终至和成人一样。

如今情况已全然改观。最近的一项研究中，我们询问了数千名美国青少年他们长大后希望从事哪些工作，结果见表 3.1。

表 3.1　美国青少年期望的工作

十大期望的工作——针对 3 891 名美国青少年的访问结果		
职业	排名	占受访人数百分比（%）
医生	1	10
商人	2	7
律师	3	7
教师	4	7
运动员	5	6
工程师	6	5
护士	7	4
会计师	8	3
心理学家	9	3
建筑师	10	3
其他	—	45

由表中可以看出，青少年想成为专业人士的比例比实际情况高出很多，如 17% 的人希望成为医师或律师。根据 1990 年的统计资料，这个数字较实际上医师及律师在劳动力市场所占的比例还高出 15 倍。此外，许多想成为职业运动员的青少年恐怕也要大失所望，因为他们高估自己的概

率达 500 倍之多。尽管美国某些城市的非洲裔青年失业率高达 50%，市区的少数族裔青少年期望拥有专门职业的比率仍不输给郊区富裕家庭的子女。

青少年之所以会对未来就业抱有不切实际的幻想，成人职业的快速变迁固然是原因之一，但也有一部分是因为他们远离工作机会，以致无缘认清成人的工作模式。

ESM 结果显示，年轻人似乎很早就从长辈身上学会了这种对工作又爱又恨的矛盾态度。大约在 10~11 岁时，一般的社会模式便已在他们内心定型。一旦询问他们：现在做的事情比较像“工作”还是“娱乐”（或两者皆是、两者皆非），六年级的学生几乎会异口同声地回答：上学是“工作”，运动是“娱乐”。

有趣的是，只要被青少年认定为“工作”，他们通常都会说，此事关系自己的未来，需要十足的专注力，而且可激发高度自尊心。然而，一方面，在从事所谓的“工作”时，他们并不比平时更快乐或更有动机。另一方面，凡是他们认定的娱乐活动，虽然重要性较低、无须十分专注，但却往往令他们心情愉快、动机强烈。换言之，青春期末期的孩子已深具一种观念：工作是必需但不愉快的，娱乐是愉快却无用处的。而且，这种观念还会随着他们进入高中而逐渐加强。

童年的态度会影响日后人生的体验与感受。不过，男女对家庭外的工作却有不同的体验与感受。

一方面，传统男性的角色认同与自尊是建立在向外撷取资源以养活自己与家人的能力上，不论男性由工作中所获得的满意度是部分天生还是全部来自后天文化的熏陶，由事实可以看出，各地的男性若无法扮演养家之人的角色，多少总觉得不对劲。另一方面，女性的自尊则建立在创造适宜子女成长、让成人感到舒适的身心环境之能力上。不管我们如何努力摆脱对性别的刻板印象，男女角色之别始终无法彻底抹除。10 来岁的男孩儿仍然希望将来成为警察、消防员或工程师，现代的女孩儿虽然也希望从事医生、律师等职业，但她们希望成为家庭主妇、护士或教师的比例仍远高于男孩儿。

话说回来，家务工作固然有益于女性的自我形象，对情绪却帮助不大。女性在烹调、采购、开车接送家人、照料子女时的情绪虽不好不坏，但打扫房子、整理厨房、清洗衣物、修理屋内器具及计算开支等，却一向是她们一天中感觉最差的时候。

工作固然具有严重的缺憾，但没有工作更糟糕。古代哲学家对无所事事虽有一套冠冕堂皇的说辞，但这种说法只适用于家有无数奴仆的地主，如果是收入不丰的人无事可做，恐怕更会导致自我形象的恶化及意志消沉。

工作带来心流

我们通过 ESM 研究也意外发现，成人生活中的心流多出现在工作时期，而非闲暇时刻。当人处于高挑战、高技巧的状态下，且自觉十分专心、深富创造力、相当满足之时，多半是在工作时间，而非闲在家中。

这个发现乍看颇令人意外，但若仔细思考，便不觉得奇怪。我们通常忽略了一点：工作比我们整天所做的大部分事情都更接近游戏，它有明确的目标及实行规则，我们可借由完成工作、销售业绩或上司评价获得回馈。工作常常能使人全神贯注、心念集中，也给人不同程度的掌控力。而且，至少在理想状态下，工作难度与工作者的能力也相符。由此看来，工作似乎与游戏、运动、音乐、艺术等可提供心流感受的有益活动具有相同的内在结构。

由相互比较可知，生活中的其他活动大都缺乏这类元素，当我们独处或与家人共聚一堂时，通常不具明确目的、不知道自己表现如何、无法集中精神，且自觉能力未充分发挥，因此，我们会觉得十分无趣，甚至出现焦虑。

由此便不难明白，工作的实际感受为何总比我们预期的更好。但话说回来，如果一逮到机会，每个人又会希望少做点儿工作。

对工作的偏见

为何会有这种现象呢？原因之一与工作的客观状态有关。自远古以来，雇主从不曾用心关注员工的福利，对那些在南非地下两公里深的矿井中掘矿、在酷热农田里砍甘蔗的人而言，要想达到心流状态，非得有超强的内在力量不可。即使在民智大开的今天，人力资源受到极大的重视，管理层仍不太重视员工的工作感受。因此，当许多员工表示不指望由工作获得生命的内在回馈，而要等到踏出工厂或办公室才能感到快乐时，这种情况一点儿也不令人感到意外。不过，这样的陈述与事实还是略有出入。

第二个原因是对第一个原因的补充。250 年前的工业革命期间，工厂工人必须在不人道的条件下工作，空闲时间十分稀少，所以空闲时间自然成为珍贵的资源。工人认为，只要多拥有一些空闲时间，自己就会快乐一点儿。于是，为了缩短工时，工会一度陷入奋战，最后终告成功，为人类历史增添了一项光荣的成就。

不幸的是，闲暇看似快乐的必要条件，实际上却无从保证。因为学习如何有效利用闲暇，远比想象中困难，而且多拥有一些好东西也不见得一定更好。同理，某些事物若拥有少量可以丰富生活，量多却反而会产生反效果。这也就是为何 20 世纪中期的精神医生及社会学者纷纷发出警告，认为休闲时间过多有酿成社会灾难之虞。

正是由于上述两点，许多人无法体验或不愿承认：工作也可以十分有趣。然而，若抛开各种文化偏见，下定决心让工作具有个人意义，即使是最平凡的工作，也可以提高生活品质。

攀登职业巅峰

当然，高度个人化的职业比较容易带给人内在的收获，因为当事人可以自由选择目标、设定任务难度。生产力及创造力极高的艺术家、企业家、政治家及科学家的工作体验，大多类似我们狩猎时期的祖先，也就是将工作完全融入生活。

我在数百次访问诺贝尔奖得主及各行各业领军人物的过程中，最常听到的两句话是："你可以说，我一生每分每秒都在工作，也可以反过来说，我从未工作过一天。"历史学家约翰·霍普·富兰克林也将工作与休闲合二为一的情形解释得一清二楚。他说："我向来十分认同'谢天谢地，今天是星期五'这句话，因为对我而言，星期五就表示我可以不受干扰，连续工作两天。"

心流经常出现在这些人的职业活动中。尽管尖端知识的运用必然少不了内心交战、工作辛劳的时刻，但将心灵拓展至崭新领域的喜悦，却是他们生命的最大特征，即使过了一般人的退休年龄，这些人仍旧如此。名下拥有 200 多项专利的俄裔美籍发明家雅各布·拉比诺于 83 岁时这样描述自己的工作：

你有兴趣就必须动脑……像我这种人就喜欢做这种事。想出一个新点子是十分有趣的事，如果没有人要，我也不在乎。反正能想出一些新奇古怪的东西，本身就很好玩。

两次荣获诺贝尔奖的莱纳斯·鲍林于89岁接受访问时表示：

我认为自己从未坐下来自问：对现在的人生有什么打算？我只是一味向前，做自己想做的事。

杰出的心理学家唐纳德·坎贝尔告诫年轻学者：

如果你的兴趣在金钱，就别踏入科学界；如果你不能成名，又无法乐在其中，那么也别选择科学；倘若你能获得声名，自可受之无愧，但别忘了，你真正喜爱的是这份事业。

美国前桂冠诗人马克·斯特兰德谈到对这份事业的追寻时，将心流的概念阐释得十分明白：

当你沉浸在工作中，你便失去时间感，完全出神，全副精神都贯注在所做的事情上……当你将某件事情做得十分出色时，你会有一种难以言喻的感觉。

当然，能和这些人一样攀抵职业巅峰是十分幸运的。但有许多著名的成功人士很痛恨他们的工作，也有不少商人、水管工、牧人甚至工人热爱、歌颂他们的工作。工作是否有助于个人生活的提升，并非取决于外在条件，而是在于我们的工作态度，以及面对挑战时我们能汲取何种体验与感受。

避免成为工作狂

然而，不论对工作多么满意，工作依旧不是人生的全部。

我们访问过的创造性人物中，大多数都表示家人重于工作（虽然与事实有些出入），拥有稳定的婚姻关系则是他们一致的特色。当他们被问及一生中最感骄傲的成就时，最典型的回答是物理学家弗里曼·戴森所说："我想，那就是生了6个小孩儿，将他们抚养长大，在有生之年看着他们成为不讨人厌的人，这就是我真正引以为傲的事。"花旗银行前总裁约翰·里德也表示，他这辈子最好的投资就是抛开蒸蒸日上的事业一年，陪孩子共同成长："就满足感来说，养育子女远比替公司赚钱更有收获。"

这类人的闲暇活动大多数也相当有趣，从公开演奏到搜集稀有航海图，从洗手做羹汤、编写食谱，到自愿赴发展中国家授课讲学，真可谓五花八门。

对职业的热爱与奉献，不见得就是"工作狂"——这个词只适用于在眼中除了工作，没有其他目标及责任的人。工作狂只看得见工作上的挑战，只愿学习与工作相关的技能，而且无法从其他活动中得到心流。这种人一旦将全副心神投入工作，就无力涉足其他活动，因而错失了许多提升生活品质的机会，甚至落得悲惨的下场。

幸好，尽管我们见到许多人献身工作，但他们仍拥有多彩多姿的人生。

第四章

休闲的利弊

休闲并不比工作更令人快乐，拥有自由时间也不见得能提升生活品质，除非当事人知道如何有效利用空闲时间，但这份能力绝不是与生俱来的。

如果说此刻历史所面对的问题是人类尚未学会明智地运用闲暇时间，听来未免有些荒谬。然而，这却是20世纪中叶以来许多人关切的议题。1958年，精神病学进步工作组在年度报告的结论中提到："对众多美国人而言，休闲是有害的。"还有人宣称，美国是否能成为文明大国，就要看人们如何运用闲暇时间。

这些严重的警告究竟有何根据？在回答休闲对社会的影响之前，我们必须先探讨休闲对一般人的影响。由于历史是个人经验的总和，要想了解历史，必得先了解个人经验。

基于先前种种因素，我们知道，闲暇是人类最企盼的目标之一，工作是大家心中摆脱不去的恶事，若能放开一切、闲下双手，人们大概就能迈向快乐大道了。一般人认为，休闲娱乐无须动用任何技能，人人皆可为之。但有证据显示，事实恰好相反。休闲并不比工作更令人快乐，拥有自由时间也不见得能提升生活品质，除非当事人知道如何有效运用空闲时间，但这份能力绝不是与生俱来的。

20 世纪初，心理分析师桑多 · 费伦茨注意到，他的病人在周日爆发歇斯底里症及忧郁症的概率远高于其他日子。他将这种症状取名为“周日精神病”。此后也有报告指出，法定假日或假期同样也是令人心神不安的时段。对一生献身工作的人而言，退休常导致慢性忧郁症。我们在 ESM 研究中发现，有目标可追寻的人，连生理状况也会比较好。由此可知，周末若碰巧独自一人、无事可做时，人们较易出现病症。

防止意识混乱

归纳上述种种证据可见，人一生病就容易呆滞。大多数人若无目标可追寻、无朋友可互动，注意力及动机便会开始消散。一旦心念分散，人往往就会钻牛角尖，想些无解的问题，徒增自己的焦虑。为了避免这种情形，当事者会采取若干摆脱精神紊乱的策略，在不知不觉中寻找扫除心中焦虑的刺激事物，例如看电视、阅读推理小说或浪漫爱情小说、纵情声色或赌博、酗酒、吸毒等。这些方法固然能带来短暂的振奋，但事后往往只残存一丝黯然惆怅之感。

显然，人类的神经系统已演化到足以处理外界讯息，但只要时间一长，便难保不会分心出错，毕竟，能学会自我调整心绪的人还是少数。在一些成人享有闲暇时光的繁荣社会中，自然有复杂的文化活动让人脑筋不得闲，这些活动包括繁复的成套典礼、仪式、舞蹈，以及经常举行一连数天或数周的竞赛（如源自欧洲历史初期的奥林匹克运动会）。

就算缺乏宗教或美术活动，至少各村庄都还提供无数的闲谈与讨论机会。在广场大树下，男人没事就会上那儿坐坐，抽抽烟斗、嚼嚼略带迷幻作用的植物或坚果，借由冗长的聊天整理思绪。在今日地中海地区的咖啡店或北欧的啤酒屋，仍可见到这种男性休闲模式。

以这种方法防止意识混乱固然有一定成效，但对自我感受的提升却没有太多的助益。如先前所述，人类在面对挑战、解决问题、发现新事物之时，最能感受到心流。可产生心流的活动多具有明确目标、清楚规则和即时反馈的特征，这些都是使我们的注意力得以集中、技能得以发挥的几项外在条件。然而，休闲娱乐缺乏的也正是这些。当然，如果人们能将空闲时间用于运动、艺术或爱好，便可具备感受心流的条件；如果空闲期间无所事事，人的精神混乱度将大为升高，整个人只觉得懒懒散散、兴趣全无。

主动式休闲与被动式休闲

但我们不能将所有的休闲活动一概而论，主动式休闲及被动式休闲就存在极大的差别，对人类也会造成不同的心理影响。

例如，美国青少年的心流体验（专指高挑战、高技能的时刻）大约有 13% 发生在看电视、34% 在进行爱好的活动、44% 在运动或游戏时（见表 4.1）。由此可知，嗜好给人高度乐趣的比例是看电视的两倍；游戏或体育活动则更是看电视的 3 倍。然而，青少年空闲时花在看电视上的时间，却至少是用于爱好或体育活动的4倍。这些数字也同样适用于成人。这种结果令我们不禁想问：为什么人们要将4倍以上的时间，花在不及五成概率可让人感到愉悦的事情上呢？

表4.1 休闲活动的心流发生率

以下为各种休闲活动带来心流、松懈、淡漠及焦虑的时间比例。数字结果得自824名美国青少年所提供的27 000项回答。各项名称的定义如下：心流——高挑战、高能力；松懈——低挑战、高能力；淡漠——低挑战、低能力；焦虑——高挑战、低能力。

	心流	松懈	淡漠	焦虑
体育与游戏	44	16	16	24
爱好	34	30	18	19
社交	20	39	30	12
思考	19	31	35	15
听音乐	15	43	35	7
看电视	13	43	38	6

当我们对受访者提出这个问题时，总会得到相同的回答。一些青少年承认，骑单车、打篮球或弹钢琴的确比逛街、看电视有意思。但他们说，打篮球的准备工作太花时间，不但要换衣服，还要做若干安排；而要享受弹琴的乐趣，至少也得先花半小时进行些简单的练习。

换句话说，每一项心流活动都需要在刚开始时花些心思，然后才能享受到乐趣。如果你十分疲惫、焦虑或缺乏纪律，无法克服起步的障碍，就只好转换方向，改做一些虽不有趣但能力可及之事。

谈到这儿，不得不顺便提一提“被动式休闲”。光是找朋友聊天、阅读不花脑筋的书籍或者打开电视机，并不需要消耗太多精力，也无须动用技巧或专注力。因此，被动式休闲不但成为青少年的最爱，也是成年人的经常性选择。

表 4.1 是一般美国青少年从事休闲活动的心流发生比例。根据表 4.1 得知，参与主动式、社交性活动（游戏与体育活动、爱好、社交）的青少年较易拥有更多的心流体验；参与组织松散、较个人性活动（即听音乐、思考、看电视）的青少年则拥有较少的心流体验。然而，费神、困难的心流活动也经常带来焦虑，反倒是后三项被动式的休闲活动鲜少令人焦虑，不过，它们却会让人松懈与淡漠。倘若你将空闲时光全花在被动式休闲上，乐趣想必不会太大，但你也不必因此大动脑筋。显然，这也许是许多人愿意投入被动式休闲的原因。

放松并非坏事，人人都需要松懈，读读休闲读物、坐在沙发上发呆或看看电视。这和做其他事情的道理相同，重点在于分量。若将被动式的休闲活动当作填补空闲的主要或唯一策略，必定会产生问题；一旦养成习惯，整体生活品质也会大受影响。例如，借赌博打发时间的人，最后却发现不能自拔，其工作、家庭甚至个人的身心健康都连带遭受波及。看电视时间较长的人，通常在工作及人际关系上也比较差。德国一项大规模研究发现，书看得越多，人的心流体验也越多，但看电视的时候情况却正好相反。心流体验频繁者，大半是一些多看书、少看电视的人，而常看电视、少读书的人，心流体验频率最低。

当然，这并不表示习惯性的被动式休闲一定会对工作和人际关系造成负面影响，颠倒过来的情形反倒比较常见，即孤独、工作不顺利的人常以被动式娱乐打发时间，或者无法在生活中觅得心流体验的人，只好退而求其次，投身到不费神的被动式娱乐中。

但是，人类发展的因果关系通常循环相生，原本的果，最后往往又成为因。父母暴虐，子女会因无法反击而采取防卫手段，在长大后也变成暴虐的父母，但原因却不在最初所受的创伤，而是他们的防卫作风。因此，养成从事被动式休闲的习惯，并不只是既有问题的结果，它本身也会变成一种原因，断绝当事人增进生活品质的其他道路。

在娱乐中寻找心流

历史显示，社会只有在无法提供有意义的生产性职业时，才会将重心转移至休闲娱乐，尤其是被动性质的活动。而一些现代的例子能让我们对这情形有更深入的了解。例如，北美许多原住民已无机会体验工作及部落生活中的心流，因此，他们想要通过模仿先民欢乐生活形态的休闲娱乐来重拾这种感受。过去那瓦霍（Navajo）的青年，只有在西南部台地骑马逐羊或是参加为期一周的仪式性歌舞时才最感舒畅，现在这类体验已不可复得，他们为了重拾心流体验，只好先喝些酒，再坐进加大马力的汽车，沿着沙漠高速公路狂飙。虽然与早年部落争战或牧羊时期相比，汽车肇事伤亡率不见得更高，但此刻的他们却空虚不已。

生产活动一旦落入陈规俗套、不具意义时，人们便会用休闲娱乐取而代之，并逐渐加重比例，转而仰赖精密的人造刺激。

也有一些深感工作乏味的人，将所有生产责任完全抛开，转向休闲娱乐中寻求心流。这么做并不见得需要一大笔钱，有些背景优秀的工程师选择辞职，在餐馆洗一整个冬天的碗盘，只为了赚取一夏的攀岩费用。各地沙滩也可见到许多冲浪者过着仅够糊口的日子，目的也是竭尽所能地追求冲浪板上的心流体验。

澳大利亚社会科学家吉姆·麦克贝思访问数十名经年在南太平洋诸岛航行的水手发现，许多人除了以一生积蓄投资购买的船只之外，几乎一无所有。当他们没钱买食物或修理船只时，就会上岸打打零工，直到攒够了钱才又起航远去。其中一人说："我可以抛开责任，摆脱贫乏单调的生活，追求些许的冒险与刺激。除了呆板地过活，我还想做些别的事。"另一人认为："这是一个可以让我做大事的机会，一件既重大又值得纪念的事。"

有些人并未完全抛弃工作，只将生活重心由工作转移到休闲。有位认真的攀岩者认为，自发自律、心情愉悦地进行这项运动，是为后半辈子做训练，他说："如果能打赢这些战役，战胜自己、战胜人世的战争就会容易些。"

还有一位商界人士改当木匠，搬到山上居住：

若留在企业界，我必能赚很多钱，但有一天我发现，自己并不爱这份工作，不觉得这对我的生活有所助益。我看见自己弄混了某些事情的先后顺序，时间大半消耗在办公室内……光阴一年一年地流逝。我喜欢当木匠，现在我住在安静、美丽的地方，几乎每晚都会上山走走。我认为，目前虽然不能再供给家人物质方面的生活，但这种轻松及经常在家的情况对他们更有益。

由商人摇身变成木匠，正足以说明某些人确能重新调整生活，为自己创造更多变化。他们不断努力，试着找出一种既是生产又能为生活带来最多心流体验的活动。不论是成天工作、放弃其余活动，还是将全部时间投入休闲娱乐，似乎都不理想。但多数人却喜欢将生活划分为无趣的工作及一成不变的娱乐。

世代间的心流差异

米兰大学的费弗及马西米尼在阿尔卑斯山某社区所

做的研究显示了心流是如何由工作转移至休闲的。他们访问了蓬特雷塔兹村某个三代同堂大家庭的 46 名成员。这个偏远山村的居民虽已拥有汽车与电视，但从事的工作仍是传统的牧牛、木工及种植果树。研究者要村内的祖孙三代说出，自己如何及何时感受到生活中的心流（见图 4.1）。

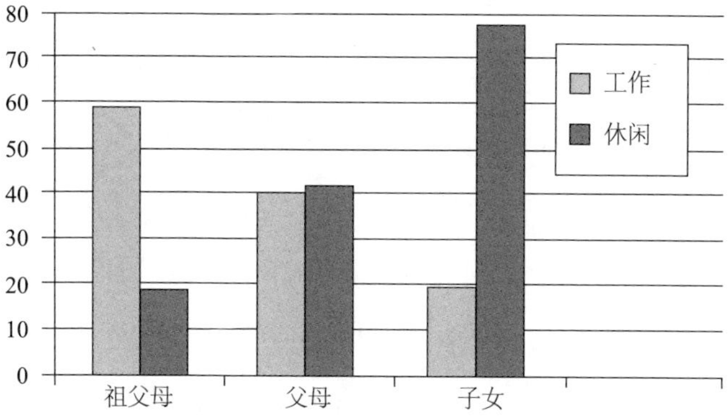

图 4.1　意大利格里苏尼谷蓬特雷塔兹村某个三代同堂大家庭的心流活动分布图

由祖父母辈的报告显示，心流体验出现频率最高是在工作期间，大部分的心流体验都与工作有关，例如割稻谷、修谷仓、烤面包、挤牛奶、在菜园劳动。父母辈（年龄在 40~60 岁者）的报告则表明，工作与看电视、度假、看书、滑雪等休闲活动的心流体验出现频率不相上下。年纪最轻的子女辈在模式上正好与祖父母相反，他们的心流体验出现频率最低，而且多半来自休闲娱乐，如跳舞、骑摩托车、看电视等都是他们的最爱（图 4.1 并未显示各组受访者的心流频率，只能看出工作及休闲的个别心流比例）。

蓬特雷塔兹村三代间的落差并非完全来自社会变化，有些是各世代都会经历的正常发展模式，例如，年轻人多半偏爱人为冒险或刺激的娱乐。然而，这种常见的差异若发生在面临社会或经济变迁的社群中，情况必定更加严重。在这种情况下，老一辈仍能在传统生产工作中寻得意义，但子女或孙子辈却视此为无关痛痒的劳务，且日渐生厌，最后只好以娱乐作为防止心灵紊乱的方式。

在美国，例如亚美派（Amish）或门诺派教徒（Mennonites）等传统社群，都能将工作与心流结为一体。在他们日出而作、日落而息的农耕生活中，工作与休闲的界限并不明显，大多数的闲暇活动为编织、木工、歌唱或阅读，不论从物质、社会或精神角度看，这些活动都兼具实用性及生产性。当然，这项成果所付出的代价是维持古风、停步于科技与心灵发展的某一定点。难道这是同时兼具乐趣与生产的唯一方法吗？人们是否可能开发一套结合两者的生活形态？

善用休闲时光

要想让闲暇时间得到最妥善的运用，就得付出工作般的专注与才智。主动式休闲有助于个人成长，但过程却不轻松。过去，休闲的正当性来自带给人们试验或发展技能的机会。事实上，在科学及艺术成为专业之前，绝大多数的科学研究、诗歌、绘画及乐曲创作都在闲暇时间进行。

奥地利遗传学家孟德尔著名的基因实验原是他的嗜好；美国物理学家富兰克林研磨镜片、试验避雷针，也是基于个人兴趣，而非工作需求；美国诗人艾米莉·狄金森创作出无与伦比的诗词，目的也是寻求生活的宁静祥和。如今，却似乎只有专家才对这类议题有兴趣，外行人若想涉足这些专有领域，肯定会遭人嘲笑。然而，这些业余人士基于喜爱而去做，反而为自己的人生与别人的生活带来了乐趣。

并非只有出类拔萃的人才会善用休闲时光，所有富于文化个性的歌曲、纺织品、陶器及雕刻等民俗艺术，都是平凡人利用工作及维持类活动之外的剩余时间，将才能加以发挥的结果。倘若我们的祖先闲暇时只进行被动式娱乐，不将它视为发掘知性与感性的机会，真不敢想象世界会变得多么呆板单调！

现今我们所使用的消耗性能源，如电力、汽油、纸张、金属制品，约有7%是用在休闲娱乐上。像高尔夫球场的建造与灌溉、杂志的印制、搭乘飞机远赴度假胜地、电视节目的制作与播出、快艇的建造与燃料添加，样样都要消耗大量的地球资源。讽刺的是，我们从休闲中所获得的愉悦与乐趣似乎与消耗的能源量毫无关系——就算有，也是负面的。

必须动用人类技能、知识及情绪的低科技活动，并不比使用大量器材、靠外在能源代劳的活动差——事实上，两者的回馈相差无几。畅谈、读诗、园艺、担任义工或学习新事物所消耗的资源相对要少，但乐趣却不低于耗去10倍资源的活动。

既然个人生活的优劣大半取决于闲暇时间的利用方式，社会的优劣自然也受成员休闲活动的影响。可以想见，拥有如茵草坪、华美住宅的郊区居民，他们的生活可能一成不变、味同嚼蜡；如果你与某国的社会精英聊天发现，对方除了金钱、家庭、时尚、度假及闲言闲语，对其余话题都不感兴趣，你对这个国家的整体状况也不难窥知一二。然而在有些地区，我们仍可看到，退休的专业人士在吟诵图书馆的古诗，农民在弹奏乐器、撰写乡土生活的点点滴滴，继承和发扬先人的创作。

创造真正的娱乐

由此可知，在社会或个人层面上，休闲习惯都既是因，也是果。一旦社群的生活形态落入俗套、工作成为一成不变的规律，或社会责任丧失意义之后，休闲的重要性也会节节上升。但是，当社会对休闲娱乐的倚赖过重时，人们所剩无几的精力便不足以应付随之而来的高难度技术与经济挑战。

不过，在全球娱乐业如日中天时发出这种警告，未免有唱反调之嫌。音乐、电影、时装及电视从世界各地带来强势货币，录像带店铺如雨后春笋般矗立在各街道，大幅减少了失业人口，下一代们视媒体名流为人生模范，脑中满是运动员及电影明星的一举一动，这类成功有什么害处呢？假如纯粹从金钱的角度衡量，我们似乎是看不出有什么害处的；但若考虑到子子孙孙沉迷于被动式娱乐的长远影响，前景不禁令人忧心。

人们如何才能避免因工作不自由、休闲无目的而觉得失去生活意义的两极化危险？有一种可能的解决方法，由上一章提到的创造性人士身上可以看出，在他们的生活中，工作与玩乐密不可分，一如传统社会的人们。但不同的是，创造力强的人并不故步自封，反而懂得善用古今知识，发掘光明的未来。若我们能尽量效法，便没有理由畏惧闲暇，而且工作会变得和休闲娱乐一样有趣。一旦你需要暂停稍歇，休闲就会成为真正的娱乐，而不是钝化脑筋的活动。

倘若某人的工作确实无可救药，另一个解决方法就是让空闲时间变成真正的心流时刻，借以开发自我及环境的潜力。幸运的是，这个世界绝对充满值得人去做的趣事，唯有缺乏想象力或精力才会构成问题。若两者皆不匮乏，人人皆可成为诗人、音乐家、发明家、探险家、学者、科学家、艺术家或收藏家。

第五章

人际关系与生活品质

友谊不仅可提供及时的情绪回馈，也是个人潜能开发的大好机会。但是，现代生活并不利于友谊的维系。

当你为生活中最佳及最坏的情绪寻找解释时，一定会想到别人：情人或配偶既能令你心花怒放，也能让你沮丧气结；小孩儿娇憨可爱，但也会伤透你的脑筋；老板的只言片语足以令你笑逐颜开，也能使你一整天愁眉苦脸。

我们平日所做的各种事情，以人际互动最不可测，前一刻还在心流状态，下一刻就极可能转为淡漠、焦虑、松懈或无聊。由于人际互动对心理具有莫大影响力，所以临床医生利用愉悦的人际互动，研发出各种心理疗法。无疑，个人的身心健康深受人际关系的影响，我们的意识也被他人的反应所左右。

举例来说，我们以 ESM 法研究一位名叫萨拉的女性。她周六早上 9 点独坐厨房内吃早餐、看报，此时她的快乐指数是 5（1 为伤心，7 为非常快乐）。11 点半，她仍然独自一人，抽着烟，正在为儿子即将远赴另一个城市伤心，此刻她的快乐指数是 3。下午 1 点，萨拉打开吸尘器，独自清理客厅地毯，快乐指数滑落至 1。下午两点半，她到后院与孙子孙女游泳，指数上升至完美的 7。但随后不到一小时，当她一边晒太阳一边看书，而孙子孙女却泼了她一身水时，快乐指数再度下滑至 2。她在 ESM 问卷上写道：“我媳妇应该好好管教一下这几个小鬼！”

在一天的生活中，不论是想到别人或与别人互动，我们的情绪都会因此起伏波动。

享受人际互动

在大多数的社会里，社会文化对人们的影响与塑造要比科学技术来得深。我们大多认为，个人潜能的开发一般来自闲暇，至少在卢梭之后，我们是将社会视为个人充分发展的障碍。不过，传统上则认为，个人只有通过与别人的互动，逐步成型与修正，否则难以成器。这种观念尤以亚洲最为普遍，印度正是个很好的例子。

传统印度文化为了让人们在成长过程中循规蹈矩，着实费了很大力气。林恩·哈特在文章中提到：

在印度，人是在一连串的集体活动中被刻意、谨慎塑造出来的，这些活动被称为“生命循环”。对印度人的一生而言，它是最基本且必要的。

“生命循环”教导每个人新的行为规则，帮助他们度过人生的每个阶段。正如印度心理分析家萨达尔·卡卡尔半开玩笑的说法，“生命循环”是种适时且适当的仪式：

这种观念化的人生循环，遵循着一连串的阶段进展。各阶段各有其特有的“任务”，一旦开始，就必须循序渐进度过每个阶段。这项观念已在传统印度人的思想中根深蒂固……这种仪式的最主要动力在于，利用“生命循环”使儿童逐渐融入社会，以谨慎妥当的时间流程，带领他们脱离原有的母子共生状态，变成完完整整的社会成员。

社会化不仅能塑造行为，也能使个人的意识符合文化的期望与要求。当别人见到我们失败时，当我们达不到他人的要求时，我们会感到内疚。同样，各人心中对于自己是否符合社群期望的感受，也随文化不同而有巨大差异。例如，日语在独立、责任、义务等方面，拥有不同轻重程度的字眼，这些字义很难转译为英文，因为欧美社会中的个人并未经历相同程度的感受。根据日本一位观察敏锐的记者龙新太郎的说法，一般日本人总是“跟着别人走，即使到海边游泳，也会避开空旷处，刻意选择一处拥挤的地点”。

由此可知，我们的身心都深受社会环境的影响，即使是我们的灵长类亲戚——住在非洲丛林及草原的类人猿也知道，自己若不被群体接受，就别想活太久，因为一旦被孤立，立刻就会成为花豹或土狼的猎物。早在远古时代，我们的祖先便已了解，自己是群居的动物，群居不光是为了安全，也是为了享受生活中的人际互动之乐。

希腊文的“idiot”（英语中是“白痴、傻瓜”的意思）一词，原意是“独居的人”，可见在他们的观念中，人若是断绝社群的互动，心智上便会陷入低能。近代文盲社会也认为，喜欢独居的人必定为女巫之流，因为正常人除非受外力所迫，否则绝不会离群索居。

既然人际互动对于意识的平衡稳定十分重要，我们不得不查清其中的道理，并学习将这种互动化为正面的体验与感受。就像做所有事情一样，要享受人际互动，必须付出代价。

若想充分享受人际互动，让心念常常保持条理分明，必须符合两项条件。首先，找出自己与别人目标的一致性，但这在原则上总是不易做到，因为互动的双方必然会追求各自的利益。然而在多数情况下，如果你认真找，至少都能找出一丁点儿共同的目标。其次，必须愿意关心别人的目标。这也不容易，因为每个人的精力都十分珍贵，一定不想浪费在别人身上。但唯有做到以上两点，才有可能从人际交流中得到无价的收获，体验到完美互动关系带来的心流感受。

友谊的价值

最优体验与感受通常出现在朋友相伴之时，青少年尤其如此（见图 5.1），即使年届银发阶段，这一点仍然不变。一般人在和朋友相处时，不论做什么，快乐程度及动机都比平时明显。即使是独自或与家人共同从事都感兴趣的事，如看书、做功课、整理家务，若换成与朋友一起进行，就会变得兴致盎然、津津有味，由此不难看出其中的道理。

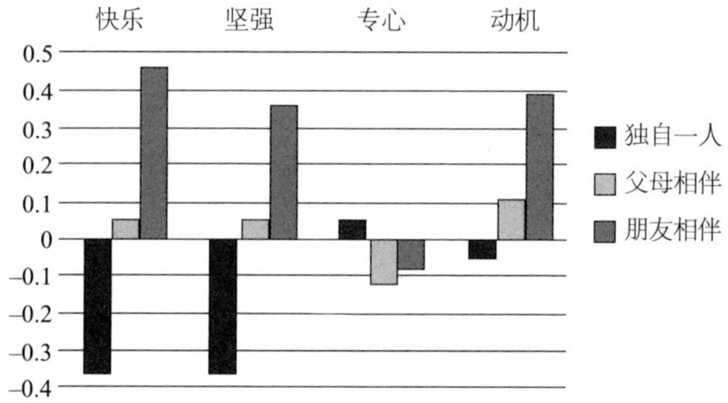

图 5.1　青少年在不同社会情境下的体验品质变化

注：图中的 0 代表一周内体验品质的平均值。“快乐”与“坚强”两项在独处时均显低落，有朋友相伴时较佳；“动机”则是在朋友相伴时格外明显。无论研究对象为成人、青少年、美国人或其他国家的人士，所有的 ESM 研究皆可得到类似的结果。

资料来源：Csikszentmihalyi and Larson，1984

朋友为完美的互动关系提供了最佳条件。我们之所以选择那些朋友，是因为自认对方的目标与自己互不冲突，而且彼此关系平等。友谊应该带给双方益处，也不应具有外在约束，导致一方遭受剥削。理想情况下，友谊永不凝滞，它能带给我们崭新的情绪及知识的激励，不致枯燥或淡漠。我们会和朋友一起尝试新事物、新活动或冒险，并发展出新的态度、想法及价值观。

许多心流活动固然会带给人莫大的乐趣，但因挑战性为时很短，乐趣也持续不了多久。在人的一生中，朋友反倒能带来无止境的激励和鼓舞，让我们的情绪及知识得以不断受到磨炼。

当然，这种理想状态并不能屡屡实现。有时友谊不但无法刺激我们成长，反而令你的自我形象停在定点、永不前进。举凡交浅缘薄的青少年团体、郊区俱乐部、咖啡聚会或专业性组织、酒友等，都是不必费力即可加入，因而使人产生一份慰藉感。由图 5.1 即可看出，人在群体中的专注力远低于独处之时。由此可见，一般友谊活动很少涉及心智运用。

最糟的情况是，人在缺乏亲密伙伴时，会格外依赖一些随波逐流、没有特定目标的人，向他们寻求情感上的支持，此时，友谊便转而产生破坏性。像帮派分子、为非作歹的团体、恐怖组织成员等，通常都是一些无法在社群中立足、只能在这类团体中寻求认同的人。在这种情形下，人际互动的结果也会带来成长，只不过在大多数人眼中，这算是一种不良的成长。

然而，与其他社会环境的主要特质相比，友谊不仅可提供及时的情感回馈，就长远来看，也是个开发潜能的大好机会。但是，现代生活并不利于友谊的维系。较为传统的社会中，人在一生中多与儿时同伴互相来往，美国人却因地理与社会流动性而无法做到这一点。美国人的高中同伴与小学同伴已不相同，上了大学又换成另外一批。等到工作一换再换、住处一移再移、岁数一年年增加，友谊也越来越短暂、浅薄。一般人在中晚年面临情感危机时，最大的感叹都是缺少真正的朋友。

性观念的两极

另一项普遍的感叹是缺乏良好的性关系。20 世纪的文化成就之一就是发现性对生活品质的重要性，然而，这一点也同样因为人们的过度强调而走入极端。大众将性抽离其他体验，接受“性事频繁才会快乐”的错误观念，认为性交的频率与变化远重于它的深度与强度。

由演化的角度来看，性交的原始目的是繁衍后代、巩固夫妻的关系。当然，这些不一定是性交的全部目的。就如同味蕾的功能是分辨食物的新鲜与否，但时日一久，我们又根据味蕾的细微差异，发展出复杂的美食艺术。同理，不管愉悦性交的最初理由何在，我们都可以据此创造机会，丰富人生。但是，若不求相爱相守，而单单追求肉欲，同样也是脱离常轨的行为。

当性解放先驱大胆呼吁，以性自由解除社会压抑时，他们并未想到，半个世纪后，性竟会被人用于芳香剂及饮料的销售上。正如赫伯特·马尔库塞等人所感叹，性爱终必以某种方式为世人所利用，它的力量如此强大，就算不被社会、国家当权者吸收，也难逃广告业的滥用。

我们该怎么做呢？一如生活中的其他大小事情，重要的是：替自己做好抉择，想清楚问题何在，并看清楚打着性爱旗帜、以图一己之私的人又是何方神圣。你将发现，人类在这方面是多么不堪一击！但是，了解人在性方面的弱点之后，我们又担心落入另一个极端——变成性恐慌。

事实上，不论独身主义还是滥交都不见得对人有益，真正重要的是，人们应了解如何整顿自己的生活，并确知性在自己的生活中应扮演何种角色。

正视家庭

为了补偿朋友难寻的缺憾，美国人发现一种新方法，那就是与父母、配偶、子女为友。但在传统上追求纯爱的欧洲，夫妻间的友情反而是一种矛盾，因为欧洲人的婚姻大多是经济或政治联姻，子女与父母的关系主要也在于财产与地位的继承，因此，他们之间缺乏建立友谊所需的平等与互惠。

不过，自若干世代以来，欧洲家庭大多已不再扮演经济联姻的角色，当我们越不重视婚姻的物质利益时，就越能享受到它在情绪感受上所带来的回馈。因此，就现代家庭而言，尽管问题重重，但仍开启了许多崭新机会，享受到前人难以享有的至高体验与感受。

当然，我们也会听到另一种极端的论调，声称家庭是一种落伍、退步的制度，难逃消失的命运。持相反意见的保守派则高捧“家庭价值”，鼓吹回归20世纪中期被电视剧奉为圭臬的传统模式。这场论战究竟谁对谁错？显然在某种程度上，两派都是对的，但双方也都错在死守某一种演化模式。如果强说人类曾拥有理想的家庭模式，而且可以无视社会变迁，继续守着这种模式不放，未免太过虚伪；然而，认定社会体系在没有父母对子女提供情感支持与呵护的情况下，仍能继续健全存在，也同样大错特错。因为，不论家庭形式如何千奇百怪，总有一点是亘古不变的，那就是男女双方对彼此及子女的幸福都应担起责任。

家庭关系对生活品质的影响深远且广泛，若要化为文字，恐怕可以洋洋洒洒写成好几本书。事实上，不少文学名著，如《俄狄浦斯王》、《哈姆雷特》、《包法利夫人》，都围绕这个主题展开。家庭人际关系对各成员的体验与感受品质各具不同影响。父母、子女对同一事件的反应，会依据各人对状况的了解，以及过去彼此间的关系变化而有所差异。

但整体而言，家庭可以说是一个飞轮，带动一天的情绪起伏。人在家时的情绪很少能够达到与朋友相处时那般高昂，但也很少降至独处时那般低落。同时，家里也是个人可以安然发泄郁积情绪之处，失常家庭中所见的虐待或暴力就是一例。

在一项研究家庭动态的 ESM 调查中，拉森与理查兹发现了若干有趣的模式。以夫妻双双外出工作的家庭为例，丈夫的情绪在工作时降至最低，一回到家则大幅回升；但对于下班回家后仍须操持家事的妻子而言，情况正好相反，形成双方情绪周期颠倒的情形。

还有一项发现出乎我们的意料：家人的关系越亲近，家庭的争端就越多。一旦家庭真正出现问题时，父母与子女却会为了避免争吵而相互回避。

完美的家庭体系十分复杂，一方面要鼓励个性发展，另一方面又要成为有情有义的群体。规矩与纪律的必要性是为了避免在协商上浪费过多的精力，例如子女该何时回家、何时做功课、谁该洗碗等问题。如此一来，由争吵或争辩所节省下来的力气，便可转投至个人目标的追求。同时，每位成员也知道，必要时可拥有家庭集体力量为后盾。一般而言，生长于大家庭的子女，较有机会发展技能、面对挑战，也较能体验到生活中的心流。

面对孤独

美国人平均有 1/3 的清醒时间是独自度过的，若多或少于这个统计数值，大半都有问题：一向与朋友形影不离的青少年们可能会有学校问题，而且也不大会为自己着想；一向独来独往的人则易陷入忧郁或疏离的状况。

凡因工作关系而必须独处者，比较常出现自杀行为，例如北美的伐木工人或精神医生，前者是生理上的孤独，后者是心理上的孤独。倘若生活严谨规律，不容意识紊乱，这种情形也就不易出现。例如，极度社群化的潜艇官兵虽然一连数月过着毫无隐私的生活，却也没有不良的影响。

在许多无文字社会中几乎见不到孤独，据人类学家瑞欧·福琼的描述，美拉尼西亚的杜布安人（Dobuans）视孤独为瘟疫，避之唯恐不及。当杜布安人必须到灌木丛中如厕时，总要偕同友人或亲人一同前往，唯恐单独前往会惨遭巫师加害。落单者最易遭受巫术之害，这种想法自古有之，虽然解释上不过是一种比喻，但所描述的却是事实，也正是许多社会学家所注意到的：人在独处时的心灵状态较脆弱，易产生幻想及非理性的恐惧。

与他人谈话时，即使是琐碎如天气、前一晚的球赛等话题，都可以让人们互享同一实境。就算是一句“祝你有愉快的一天”的寒暄，也能够使人肯定自己的存在，因为这种行为表示有人注意你、关心你。由此可知，即使是最日常的碰面寒暄，仍具有防止意识紊乱、崩溃的基本功能，即所谓的“维持现实”功能。

同理，一般人也认为，与群聚时的情绪相比，独处的情绪会比较恶劣。独处的人会感觉较不快乐、不振奋、不坚强，而且更无聊、消极、孤单。唯一不降反升的体验与感受只有专注力。许多心思缜密的人在获知这些结论时，大都不可置信地表示：“绝不可能。我喜欢独处，只要情况允许，我会尽可能独来独往。”事实上，学会喜欢独处并非不可能，但做起来却大不容易。如果你是艺术家、科学家或作家，或者你有嗜好及丰富的内在灵性生活，独处不仅是必需，也会乐趣十足。然而，真正具备这方面的心智能力，又能做到这一点的人，却少之又少。

然而，不论你喜不喜欢，现代人多少总得学会独处。当身旁有人时，不论是解数学题、练钢琴、设计电脑程序还是思考人生目的，都会十分困难，因为总会有不相干的话语打断你的思绪，总要因为注意他人而无法专心一致。因此，我们发现，很多时刻离不开朋友的青少年——通常也是缺乏家人精神支柱的一群——比较难拥有学习复杂事物所需的精力。就算资质聪颖，若不敢面对孤寂、独处，能力自然也无从发挥。

性格二分法

自西方哲学发端之始，思想家便已想出两种发挥人类潜能的主要方式，起先是涉及所谓的行动式生活（即在公共场合以行动表现自我），例如，注意社会环境的风吹草动、抉择、从政、为自己的信念辩护、坚持自己的立场，即使丧失舒适与声誉也在所不惜——这正是很多希腊哲学家眼中人类本质的终极实践。后来在基督教哲学的影响下，一些哲学家逐渐以反省式生活作为人生最佳的实践方法，他们认为，一个人可通过独自反省、祈祷、与神沟通等方式，达到最彻底的实践。但这两种策略无法并存，因为一个人不能兼具实践者及思想家的角色。

直至今日，我们对人类行为的了解仍存在这样的二分法。心理学大师荣格提出“内向性”和“外向性”，作为精神的基本特质。社会学家里大卫·斯曼也谈到人类个性由内转外的历史变迁。现今的心理学研究发现，内向与外向是可用来区分个体的最稳定个性特质，并可以正确测量。通常人们都逃不出以下两种典型，一种是喜爱与他人互动，只要落单就不知所措；另一种是乐于独处，却不知如何与人相处。究竟哪一类型最有可能令生活最为愉悦畅快呢？

研究一再证明，外向者比内向者更加快乐、振作、少压力、宁静、内心祥和，研究人员因而认为，天生外向的人在生活各方面都略胜一筹。然而，在这类资料数据的阐释上，我个人倒不敢如此就下结论，因为外向者的表征就是以积极乐观的口气描述事情；内向者在提及内心状态时则较有保留，以致两者尽管在体验品质上十分相近，但报告时却大相径庭。

较佳的方式是以灵活多变的人为研究对象，这类人士在生活中兼具内向、外向两种特质，但却不固定在其中一种。社会大众向来都有“天才必孤寂”的刻板印象，而这也的确有事实依据，因为不论写作、绘画还是在实验室进行实验，多半都需要独处。然而，在灵活多变的人身上，我们却一再看到接触他人、聆听意见、交换思想及认识别人作品的重要性。物理学家约翰 · A · 惠勒的几句话充分说明了这一点：

> 如果不和别人互相讨论，就会被剔除在外。我总认为，离群的人永远只能当无名小卒。

科学家戴森也说过自己工作上出现的两种相对情况：

> 科学是一种十分集体化的事情，基本上只有关门与开门的差别。当我们进行科学工作时，我的门是敞开的……你总是希望与别人交谈……唯有借由人际互动，才能做出一些有意思的东西。基本上，这是一个群体的事业。新鲜事随时在发生，你必须跟得上脚步，对各种动态有所了解，你必须不断与人交谈。
>
> 然而，写作却是另一回事，当我要动笔时，门就得关上。就算如此，仍有许多噪声传进来，因此，我如果想写作，通常都得躲进图书馆，此时就是唱独角戏的时候了。

带领花旗银行安然度过风雨飘摇时期的花旗银行前总裁约翰 · 里德，在日常生活中，也采取宁静内省和密集与人互动的交替方式：

我是个早起的人，总是在 5 点就起床，5 点半冲好澡，然后开始在家中工作或到办公室去。我大部分的思考及前置作业都是利用这段时间进行的……我尽量保持安静，不受打扰，直到 9 点半或 10 点，才开始处理大量业务。身为公司的总裁，宛如部落的酋长，总是不断有人进办公室找你谈话。

即使在相当个人化的艺术领域，人际互动的能力也不可或缺。雕塑家尼纳 · 霍尔顿在著作中，详细描述了人际关系所扮演的角色：

你真的不能关起门来，独自一个人苦干。你会希望见到有个艺术同行走进来，与你聊一聊，问问你“你的灵感是怎么来的”，此时你必须有所回应。你不能光是一个人坐在那里……最后当你要展出时，你还需要运用整个人际网络，你得认识艺廊的人，熟悉同一领域的相关人士。你也许想要弄清楚自己是否该加入他们，但不管如何，你还是会不由自主地与他人来往。

由这些灵活、富创造力的人的生活可知，同时具备内向、外向两种性格并非不可能。事实上，能够兼具由内到外的各种性格，才算得上是正常人类，若局限于某一极端形态，仅由集体或独处方式体验人生，都不正常。当然，个人性情与社会化过程也会将人们推向某一极端，或是在一段时日后逐渐潜移默化，形成独好群体活动或独来独往的模式。但果真如此，体验感受的范围势必大幅缩减，生活中的诸多乐趣也将无缘发掘。

第六章

改变生活状态

若能在工作与人际关系上做些小小的改变，必能将我们厌恶的压力转为心流体验，日常生活的品质必定大为提升。

若干年前，有位83岁的读者写了一封感人的信给我。他说，第一次世界大战结束后，他在美国南部的野战炮兵部队服役，士兵们大多利用马匹拖拉大炮，每当任务完成后，他们就会解开马匹，玩起马球来。在球赛进行时，他总是感受到前所未有的畅快，因此他认为，唯有马球方能让自己达到这种快乐境界。后来他平凡无奇地度过了60年，直到看到我的作品，他才豁然开朗，年轻时代骑马玩球的极乐感受，不见得仅限于马球。于是，他开始从事一些过去认为有趣但从未尝试过的活动，如园艺、听音乐等。瞧！年轻时代的乐趣不是全又找回来了？

对这名年逾八旬的老翁而言，能发现自己无须消极过完枯燥的一生，真是一桩好事。但其间无趣的60年，他似乎可以过得更加多彩多姿。和他一样不知扭转精神能量，以获取最优体验与感受的人，又不知有多少？研究显示，

15% 的人不曾有过心流体验，如果这项结果无误，便表示美国有数百万人自我剥夺了生活的意义。

当然，罕有或完全没有心流体验的案例中，有许多情况都是有因可循，例如童年悲惨、父母虐待、生活穷困等外在因素，都让人无法品尝日常生活的乐趣。然而，由许多人已经克服此类障碍的事实来看，生活品质受外在因素左右之说并非全然可信。过去反驳我著作中所提心流之说最强烈者，是一些自称幼年饱受虐待的读者，他们希望让我知道，事实正好与我所说的相反，受虐儿童仍有办法在长大成人后享受到生活的乐趣。

对生活充满热忱

此类例子不胜枚举，我最爱引用的是意大利政治家安东尼奥 · 葛兰西的故事，此人也是对 20 世纪欧洲思想发展深具影响力的哲学家。

葛兰西于 1891 年出生在意大利撒丁岛，家境贫寒。由于天生脊椎畸形，幼年时代疾病缠身，后来父亲又蒙冤入狱，经济顿失依靠，庞大的家庭立刻陷入困顿。叔父为了治疗他的驼背，一度将他倒吊在茅舍的屋梁上，但仍徒劳无功。母亲料定这孩子终有一天会一睡不醒，因此，每晚都替他在五斗柜上摆妥一套好衣裳及一对蜡烛，以简化丧礼的准备时间。

由种种迹象看来，葛兰西日后若成长为愤世嫉俗的人，一点儿也不令人意外，但他却成为巧妙慧黠的作家及理论家，将一生奉献给社会上受压迫的大众。当日后墨索里尼将他关入一所中世纪大牢，想让他孤寂而亡时，他在持续不断的著述与信函中仍表现出充满光明、希望与悲天悯人的情怀。种种外在因素加在葛兰西身上，令他一生命运多舛，但他却仍能知性与感性并蓄，而且留名青史。

另外一例取自我此次的研究，主人翁是 20 世纪初生于俄勒冈州波特兰市的鲍林。他 9 岁丧父，家中一无所有，虽然他阅读广泛，也搜集矿物、植物及昆虫，但仍觉得自己连高中都无法毕业。所幸在朋友的父母半劝半迫下，鲍林进入一所大学就读，后来更申请到加州理工学院的奖学金，踏入研究的领域，终于在 1954 年荣获诺贝尔化学奖，1962 年再获诺贝尔和平奖。他如此描述自己的大学生活：

> 我借着打零工赚取微薄工资，例如清除学校草地上的蒲公英。我每天都去劈柴，将已锯成固定长度的木头劈成可以放进女生宿舍炉灶的尺寸，一捆可赚0.25美元。每隔一周，我要将1/4头牛依部位切成牛排或烧烤用的大肉块。每天我还要将一间巨大的厨房地板擦干净。大学二年级结束时，我获得一份铺马路的工作，在俄勒冈南部山区铺设柏油路面。

鲍林最令人惊讶之处在于，即使迈入90岁高龄，他仍然保持有少年人的热忱与好奇心，一言一行精力四射。尽管遭逢早年的逆境及日后的艰辛，他仍然还有办法领略生活的乐趣。其中并无秘诀，套用他的话："我只不过是尽力去做我喜欢做的事罢了。"

一定有人觉得，这是一种不负责任的态度：人怎么可以一味去做自己喜欢的事情呢？然而重点是，像鲍林这样的人，他们喜欢做的事情无所不包，无论多么困难、烦琐，是否出于被迫，一概都不排斥——他们唯一且肯定不喜欢的事就是浪费时间。因此，问题不在于他们的人生是否在客观上优于你我，而是他们对人生充满热忱，所以无论做什么事，大多能够达到心流境界。

有许多文章提及，人类生来具有快乐或忧伤的气质，即使靠后天之力也很难改变——如果你恰好是生来乐天之人，就算遭遇再大困境，仍然达观开朗；如果你不是这种人，好运气也只能带给你短暂的快乐，随后你又会恢复愁眉不展的郁闷本性。假如此说属实，改变人类生活品质的希望便十分渺茫。然而，这种斩钉截铁的说法只适用于被大众误以为快乐的外向式开朗，因为这的确是一种相当稳定的个性特质。但如果我们将快乐定义为心流状态下不太醒目的生活乐趣，情况便迥然不同。

在一项针对青少年为期一周的 ESM 调查中，乔尔 · 赫克特纳发现，间隔两年所进行的调查中，大约 60% 的青少年表示，这两段时间的心流发生频率并无差别，两年前拥有较高心流频率的人，两年后仍然维持不变；原来心流频率就偏低的人，两年后还是不见升高。

在另外 40% 的青少年中，有半数报告心流频率明显增加（以高挑战、高技能经验为测量标准），另外半数的心流频率则有所下降。两年后心流频率增高的青少年，他们的时间大多花在课业上，较少用于被动式休闲，而且这些人专注、自尊、享受与感兴趣的程度也明显高过频率降低者——尽管两年前各组呈报的体验品质并无不同。

另外，值得注意的是，心流频率上升的青少年报告中显示，他们并未比频率低者更快乐。但是，由于低心流频率者的经验感受范围和高频率者并不相同，因此我们大可以说，他们所报告的快乐，其实浅薄、浮夸得多。由此可知，只要将精力投注在易于产生心流的活动中，便有可能改善生活品质。

克服工作倦怠

对多数人而言，工作占去了生活的大半时间，若能让工作尽可能有趣及有益，自然最好不过。但仍有不少人觉得，只要薪资不薄、生活无虑，就算工作再枯燥或疏离都无所谓。正因为这种态度，他们的一生中有 4% 的清醒时光就这么虚掷了。既然大家都不想挺身寻求工作的乐趣，责任也就得由自己扛。

大致说来，工作令人厌恶的主因有三。其一是工作毫无道理，不仅对任何人都没有好处，甚至还可能有害。有些政府公务人员、压力沉重的业务员，甚至待在武器业或烟草业的科学家，都不得不为自己从事的行业大力辩护。其二，工作既枯燥又缺乏变化，日复一日，毫无挑战性，做了若干年后，就算闭上眼也能照样进行。因此，工作给人的感受是原地踏步，而非成长进步。其三，工作通常充满压力与挫折，尤其当你难以与深怀期望的上司、否定你贡献的同事融洽相处之时，这种挫败感更是伤人。

个人对工作满意与否，主要就看这三项因素，高薪或保障反倒不是那么重要，而大众的想法显然与此有所差距。

就算你不愿承认，你还是具有克服障碍的能力。如果工作沉闷、压力大、无意义，也不能归咎于家庭、社会或历史。不可否认的是，当我们发觉自己的工作毫无用处或实际上有害无益时，通常也没有太多选择，或许你仅有的选择就是离职，就算因此陷入财务困境也得如此。

整体而言，令人感觉愉悦的工作，还是胜过有利物质生活却不利情绪感受的工作。当然，这是十分为难的抉择，你必须诚实面对自己才行。

心理学家安·科尔比与威廉·戴蒙曾提起，许多人不计一切，追求工作的意义，或放下自己“正常”的生活，投身服务大众的事业。苏西·瓦尔德斯就是这么一个人。苏西原本从事服务业，薪资微薄、工作枯燥，后来虽搬到美国西岸，境况依然不见好转。在一次墨西哥之行中，她在郊外垃圾山看到无数孤儿靠捡破烂为生，发现这些人远比自己更绝望、更可怜，而自己有力量改变他们的生活。于是，她在垃圾堆旁建了一栋房子，开始授课与诊疗，日后逐渐成为大家口中的“垃圾女皇”。

如果你不想采取剧烈的转变，仍可借由提升价值的方法让工作更富意义。例如，超市职员可以多花点儿心思在顾客身上；医生可以多注意病人的整体健康，而非局限于特定的病症；新闻记者撰文时，也可以同时重视真实性。凡此种种，都可使原本微不足道的例行性工作变得举足轻重。

由于分工日趋精细，大多数职业都具有反复、单向的特性。如果一个人从早到晚只做超市上架或填表的工作，实在很难对自己产生正面评价。因此，你必须将整个工作架构视为一体，了解个人行动对整体的影响力，那么，即使是琐碎的工作，也能拥有不凡的表现，让世界更加美好。

每个人都能举出一大串例子，说明自己接触过的工作人员如何在本职工作之外还能伸手协助他人。例如，某加油站员工含笑为客人修理雨刷，却不肯为这举手之劳收取分文；某房屋中介商在房子售出多年后，仍乐意提供服务；某空服员在同事全部离开机场后，仍愿意留下来替乘客寻找遗失的皮夹……

诸如此类的例子中，由于工作人员愿意投注额外的精力，其工作表现的价值因而得以提高，他本身也能自其中获得更大的意义。然而，工作衍生的意义并不会凭空而降，正如上述例子所示，你必须付出超出工作所需的思考及关注。不过，这种做法得动用一项人类珍贵的资源，即我一再提及的“专注力”。

平常小事，重大发现

要想将缺乏挑战与变化的工作加以转变，符合人们求新求变及成就感的期望，还有一种类似的做法，但仍需要动用额外的精力，否则无法达成所愿。此法很简单，就是仔细注意工作的每一步骤，然后自问：这个步骤是必要的吗？谁需要它？如果真的不可省略，是否可以做得更好、更快、更有效率？还有哪些做法可使这工作更受重视？

通常，人们的工作态度是花很多心思去寻找捷径，以及设法减少工作量。但这种策略相当短视，假如能将等量的注意力花在寻找提高工作效率的方法上，人们想必能享受到更多的工作乐趣，甚至可能更加成功。

有些重要的科学发现就是这么得来的，这些科学家因为不敢对例行工作掉以轻心，以致留意到其中有不寻常的新现象，进而才获得重大发现。德国物理学家伦琴因注意到有些底片在黑暗中也会曝光，进而发现了辐射线。英国细菌学家弗莱明留意到细菌在不洁、挥发的培养皿中生长欠佳，进而发现了青霉素。美国医学专家雅洛观察到糖尿病患者吸收胰岛素的速度比一般病人慢，与大家原先所想的正好相反，因而发现了放射免疫测定法。

在这些例子中（其他的科学发现也大同小异），原本平凡无奇的事都因当事者的留心而得以扭转，进而获得改变人类生活的重大发现。假如阿基米德坐入澡盆后只想到：

“真糟糕，我把地板弄湿了，不知太太要怎么说我！”那么，人类可能还要再花数百年才能了解阿基米德原理。正如雅洛描述自己的经验时所说：“一旦有现象出现，你就知道事情发生了。”这听来简单，但因一般人多半不够专心，就算真有事发生，也会视而不见。

既然些微的改变足以带来重大发现，小小的调整必能让我们厌恶的例行工作转变成每日早晨引颈期待的专业化表现。

首先，我们得集中注意力，以便彻底了解发生之事及肇因。其次，不可消极认定眼前的方法是完成工作的唯一途径，而要考虑有哪些不同的做法，并加以试验，直到找出更好的方法。某些员工之所以能获升迁，接受更具挑战性的职位，通常就是因为遵循上述步骤行事。即使你不曾获得旁人的注意，若能采取此法，依旧可在工作上获得满意的成果。

我所见过最显著的例子，是一家影视器材组装工厂的员工。厂内装配员大都觉得工作无趣，十分瞧不起这份工作。但后来我碰到李科，发觉他的态度截然不同。他打心眼儿里认为，这项差事很艰难，必须具备高超的技巧才做得来。事实证明他是对的。虽然他也和别人一样，必须做这些无聊的工作，但他训练自己像大师般气定神闲、巧妙伶俐。每天大约有 400 台摄影机传送至李科面前，他有 43 秒的时间检验音响系统是否符合规格。多年来，在试验各种工具及移动模式之后，他已能将检验每台机器的时间缩短至 28 秒。他就像打破奥运纪录的选手，深以自己的成就为荣。

李科虽未因这项纪录荣获奖牌，缩短组装时间也没有提高产量（因为整个装配线还是维持旧有的速度），但他仍为自己可以充分运用自身的技巧而兴高采烈。他说："这比任何事情都还要好，比看电视好太多了。"由于目前的工作已达到他的能力极限，李科于是利用晚上的时间进修学位，希望在电机方面另开崭新大道。

若说缓解工作压力也必须利用这种方法，一点儿也不足为奇。压力是心流的障碍，在一般用法中，"压力"一词既可指我们感受到的张力，也可指外在成因。正由于这种模棱两可，人们就会错误地假设：压力必导致精神不适。

我要再次申明，这两者并无必然的联系：外在压力不见得会导致负面感受。当然，力不从心会令人备感焦虑，而且会不计一切避免焦虑，但人们对挑战或能力的认知相当主观，随时会改变。

设定工作优先次序

工作压力与日常生活的压力一样多，例如意外灾害、高度期望、各种解决不了的问题等。如何才能防止压力的产生呢？首先，将脑中各种待办事项依序排列。肩负越多责任的人，越该理清哪些事关系重大、哪些事无关紧要。成功人士通常会将待做之事列表或排出轻重缓急，对于何事可委托代办、何事可不予理会、何事应亲自出马以及先后顺序应该如何做到心中有数。有时，这种方法在形式上如同仪式，使当事者从中获得信心，确定一切都在掌握之中。

花旗银行前总裁约翰·里德每天早上都得花时间安排事情的顺序，他说："我是列表大师，不管何时，我都有 20 张表列明待办之事。如果我有 5 分钟空闲，我就坐下来列表，写出应该考虑的事。”

我们不见得要像他这么有条不紊，有些人信得过自己的记忆力及经验，就可以多凭一点儿直觉行事。重点是发展出一套个人策略，取得某种形式的秩序。一旦设定好先后顺序，有些人会先挑简易的项目着手，将棘手的事留待最后才解决；有些人则反过来先处理难题，让其余简单的项目水到渠成。以上两种策略都行得通，视个人的性格而定，重要的是找出适合自己的方法。

将纷乱的思绪整理妥当，压力便已减轻大半。接着，得让你的能力与挑战相当。当你觉得某些任务力不从心时，不妨想想：这项任务可能转由别人接手吗？你有办法及时学会这些技巧吗？你找得到援手吗？是否能将任务转化或拆解成几个部分？通常，由上述问题的答案就可以找出解决方法，将原本的压力情境转化为心流体验。但你若只是消极地面对外在压力，像一只被车灯吓得动弹不了的兔子，上述情况便不可能发生。

你必须费心排定工作顺序，分析完成工作需具备的条件和解决的策略。唯有学会掌握自我，才能化解外在压力。人人都具备顺应外来压力所需的精神力量，却很少有人知道该如何有效运用这种力量。

创意让平凡生活闪光

创意丰富的人可让工作符合自己的条件。这种人大多不遵循眼前的事业途径，而是创造自己的工作，例如艺术家创造自己的绘画风格，作曲家创造自己的音乐形式。点子多的科学家不仅发展新的科学领域，还让后继者得以继续在这个领域耕耘：伦琴之前并无放射线专家；雅洛及其同事开创原子医学之前，该领域也不存在；美国企业家福特率先创立汽车生产线之前，也没有汽车流水线工人。

显而易见，很少有人能开发全新的工作路线，大多数人都是遵循既有的传统职业。但是，就算是一成不变的工作，若能具备创意洋溢者的行事态度，也能受益良多。

在斯德哥尔摩的科罗林斯卡中心（Karolinska Institute），肿瘤生物学家乔治·克莱因清楚地描述出他们这种人的工作态度。克莱因热爱自己的工作，但有两件事令他十分痛恨：一是在机场候机，而他因国际会议频繁，不得不经常如此；二是撰写向政府有关单位申请资助的计划书。这两件无聊的差事常损耗他的精力，令他的工作绩效大打折扣，但又不能不做。后来，克莱因灵机一动，心想：这两件事情若能合并在一起做，会怎么样呢？如果能一边候机、一边撰写计划书，想必可以收到事半功倍之效。

为了实施这项计划，他买了质量最佳的口袋型录音机，开始在候机或缓慢通关时口述提案。尽管这么做实质上并未改变克莱因的工作，但由于他将被动转化为主动，工作就变成一种游戏。如今，对克莱因而言，趁候机时间尽量多录一些计划书，反而成了挑战，他不但不再觉得浪费时间，甚至还感到精神振奋。

在每班飞机上，都能看到许多人利用笔记本电脑工作、计算数字，或是阅读科技性文章并标示重点。难道他们也像克莱因一样，因工作与旅行得以兼顾而精神大振？这得看他们是将此事当成不得不尽的义务，还是省时增效的策略。如果是前者，在飞机上工作可能只会带来压力，无法产生心流。一旦自觉这是不得不做的事时，你还不如改为欣赏脚下的云朵、读读杂志，或是和其他旅客聊聊天。

享受家庭互动的心流

工作之外，另一个影响生活品质的重要因素就是你现有的人际关系。一般而言，工作与人际关系会相互冲突——如果一个人热爱工作，就可能忽略家庭及朋友，反之亦然。发明家拉比诺表示，他的妻子经常觉得遭到冷落，他的这段话也可以反映所有全心投入工作者的心声：

> 我非常投入目前从事的工作。我太忘我了，完全只想到自己。我听不到别人所说的话……眼中看不见任何一个人，而且我会刻意脱离人群。如果我不是发明家，从事的是规律性的工作，我就会多花一点儿时间在家里，对家人多付出一些关怀。由此可知，厌恶自己工作的人，或许会比较爱家。

这段话相当实在，理由很简单：注意力是一种有限的资源，当你将所有的精力全部投入单一目标，便没有办法兼顾其他事物了。

但话又说回来，如果你忽略其中任何一项，也不容易快乐。许多献身工作的人都深谙其中之道，因此会想办法补救，例如，找一个懂得体谅的伴侣，或是仔细分配自己的精力。关于这一点，诺贝尔奖得主鲍林就说得十分明白：“我认为自己相当幸运，因为我太太觉得，生活上的责任与快乐都来自家庭，即她的丈夫与子女。她所能做的最大贡献，就是让我没有后顾之忧，因此，她会打理好所有问题，好让我全心投入工作。”然而很少人（尤其是男人）会认为，自己像鲍林那么幸运。

若更实际一点儿，不妨设法平衡工作及家庭带给我们的回馈。尽管几乎每个人都认为家庭是他们一生中最在意的事，但实际行为能符合这一点的人却少之又少，尤其是男性。不错，已婚男性大多认为，他自己将生命奉献给家庭，由物质的观点来看，这点并没有错，但要维持一个家庭的运转，并非只要冰箱有食物、车库有两部车就可以了。

新的家庭形式相当脆弱，除非它能对成员提供内在助益，否则难以维持。若家庭互动可以带来心流，在自利原则下，成员便可继续彼此的关系。然而，大多数人都视家庭为理所当然，不懂得将原本基于外在责任规范而凝聚的关系，转变为因家庭乐趣而凝聚的崭新关系。夫妻下班后精疲力竭地回到家，通常期望家人之间的相处是轻松、不费力、增进活力的。不过，要从家庭关系中获得心流体验，一如其他复杂的活动，同样需要许多技巧。

加拿大作家罗伯特森·戴维斯对自己54年的婚姻为何如此幸福，有如下的解释：

> 在我们的婚姻中，莎士比亚扮演着极不寻常的角色，他是我们开玩笑、引用、参照的来源。这点十分深奥难解。我觉得自己出奇幸运，因为我们相聚的时光快乐无比，永远是一场惊奇之旅，而且迄今尚未抵达终点。我们的话仍未说完。谈话对婚姻的重要性，犹胜于床笫之事。

对戴维斯夫妇而言，共享心流之乐的技巧来自两个人对文学的喜爱及知识。但我们大可以将莎士比亚转换成其他事物，例如，某对夫妻60多岁才因一起尝试马拉松运动而得以恢复感情，也有人借由旅游、园艺或繁育纯种狗，而重拾甜蜜关系。若夫妻能相互关心或热衷于相同的活动，家庭便会因心流而更加巩固。

养儿育女理应是人生中最具回馈性的体验。但你若不能秉持像对体育运动或投入艺术时的那份关注之心，情况可能就不是这么一回事。在研究母亲的心流现象时，玛丽亚·阿利森及玛格丽特·邓肯举了很多例子，说明费尽心力养育儿女，的确能为母亲带来乐趣。以下是一位母亲的心流体验：

> 当我和女儿一起做事时，当她发现新事物时，当她自创饼干样式、完成一项引以为傲的艺术作品时，都是我的心流时刻。她很喜欢读书，我们会一起读，由她先读给我听，我再读给她听。此时的我常常进入忘我境界，忘了周遭的一切，完全沉浸在眼前的事物中……

要想体验如此单纯的养育之乐，你必须花心思了解孩子有哪些引以为傲的事、对哪些事有兴趣，还得多花时间参与孩子的活动。唯有亲子间的目标互不抵触，并将精力投注在共同的目标上，相处才有乐趣可言。

展开愉悦的对话

世上大部分的文化为了便于社交性互动，大多有一套特定的模式。在以亲属关系为主的社会中，与妯娌说笑或许不足为怪，但却不可与婆婆或岳母说笑。类似中国古代的传统社会里，繁复的寒暄与惯有的客套式谈话，能让人们不必费时伤神去思考谈话的内容及方式。美国人已发展出一种轻松自在的谈话形式，正符合该社会的多变和民主特质。然而，美国社会表面的热忱却和某些非洲部落一样，近于公式化。

若想从与人交谈中获益，你就必须学习知性或感性的新事物，而且也需要交谈双方都专心于这项互动，将平常不愿付出的精力投注其上。一旦上述要件都能付诸实践，你会发现，一次进入心流状态的交谈，无疑是生活的高潮。

如何展开愉悦的对话？秘诀相当简单。首先是找出对方的目标：他当时对什么有兴趣？他参与了哪些事务？他有哪些成就？或者他正努力要完成什么成就？如果以上有任何一项值得成为话题，下一步便是：将自身的经验或专业知识应用在对方所提供的话题中，但切勿喧宾夺主，只需应和接话即可。

愉悦的对话好比一场即兴的爵士乐演奏会：先由传统的演奏方式开场，然后再自然地加入变奏。如此一来，便可创作出崭新的曲子。

假若工作与人际关系都可带来心流，日常生活的品质必定大为提升，但其中并无花招，也无捷径。要想发掘人生的每一项机会、开发每一项潜能、享有丰富的人生体验，你必须下定决心。唯有井然有序、有条不紊，方能达到这一境界。下一章，我们将深入探讨这个主题。

第七章

自得其乐的性格

具有自得其乐性格的人，不太需要物质财富、娱乐、舒适、权力或名望，因为他所做的事情本身就已经是一种回馈。

充满多种心流活动的人生，远比借着被动式娱乐打发时间的人生更有价值。正如某位女士在描述事业对她的意义时说：

> 它让你完全沉浸在工作中，深深享受其中的乐趣，你根本不想再做别的事情。如果有人无法得到类似的体验，我不知道他们要怎么活下去……

或者，如美国历史学家伍德沃德在探索美国南部生活动力的著作中所言：

> 我对这个题目兴趣浓厚，并能从中获得满足。人必须要有一种动机或意识，去追求自己认为重要的事，若不如此，生活必定十分茫然无味。我个人绝不会想过这种生活。对我而言，彻底地休闲娱乐、没有半点儿重要事情可做，不啻是一种绝境。

我们若能以这种热忱及投入感来面对人生，便可以说具备了自得其乐的性格。

自得其乐

“autotelic”（自得其乐）是由“auto”（自我）及“telos”（目标）两个希腊字根组成的。所谓“自得其乐的活动”，即指该活动本身就是目的。例如，下棋的目的如果是为了乐趣，那么棋赛便是一种自得其乐的体验；假若是为了赢得金钱，或是为了争得棋界的排名，下棋的动机就变成了“外求目标”。将这种观念应用到人格上，“自得其乐”便是指以活动本身为目的，并非为了日后达成某种外在目标而从事该活动。

当然，没有一个人是完全的自得其乐性格，因为我们都必须被迫做一些出于责任感或必要的事，但这其中还有程度的不同：有人几乎从不觉得所做之事有值得做的价值；有人却觉得所做之事都十分重要；有人则介于两者之间。所谓“自得其乐的性格”，指的就是第二种人。

具有自得其乐性格的人，不太需要物质财富、娱乐、舒适、权力或名望，因为他所做的事情本身就已经是一种回馈。由于这种人不论在工作、家庭生活、人际互动、饮食甚至是独处时，都能感受到心流，因此不太会依赖外在的报酬行事，过着沉闷枯燥、了无意义的公式化生活。他们不受外来事物的威逼利诱，显得较自动自发、独立自主，因为全心投入生活，他们对身旁诸事也多多参与。

但是，如何判断某人是否具有自得其乐的性格呢？最佳的方法是，在各种情况下对此人进行长期观察。心理学家所用的简短测试十分不当，因为心流是相当主观的体验，受试者可以毫不费力地作假。长时间的访谈或问卷固然有点儿用处，但我还是喜欢采用比较间接的方法。

根据理论，当你认为某一情境的挑战度很高、个人能力也很强时，理应产生心流。因此，要想测出某人是否具有自得其乐的性格，不妨以 ESM 进行一周的追踪调查，计算他们报告中高挑战、高能力情况的频率。我们发现，有人高于 70%，有人低于 10%，由此可以假定，前者较后者更具有自得其乐的性格。

利用此法，我们可以进一步探讨这两种人的区别。例如，我们曾针对200名非常聪颖的青少年进行研究：其中有50人表示，一周内的高挑战、高能力情况出现频率在75%以上（称作自得其乐性格组）；有50人在15%以下（称作非自得其乐性格组）。然后，我们提出问题：两组青少年利用时间的方式有差别吗？

最显著的差别可通过图7.1及图7.2的对照看出。前组的青少年平均有11%的清醒时刻是用于读书，比后组青少年高出5%。由于每一个百分点相当于一小时，我们也可以说，具有自得其乐性格的青少年每周会花11个小时看书，而另一组只花6小时。

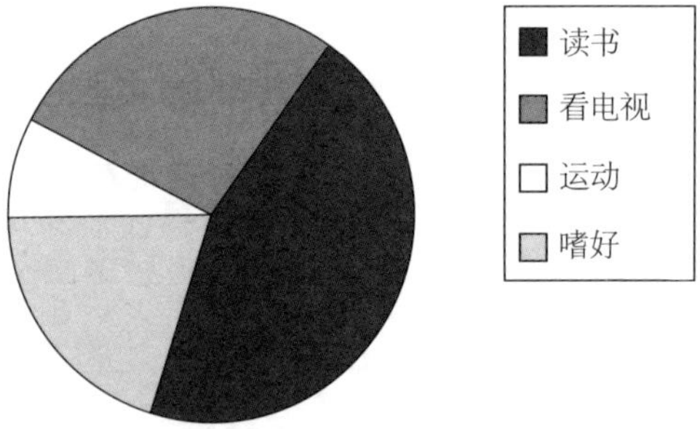

图7.1　自得其乐性格的青少年在各项活动中所耗费时间的比例

另几项差异如下：在嗜好方面，前组所花时间几乎为后组的两倍（6%：3.5%）；在运动方面是2.5%：1%。唯一相反的是看电视，非自得其乐性格的青少年花在电视上的时间，几乎为前组青少年的两倍（15.2%：8.5%）。

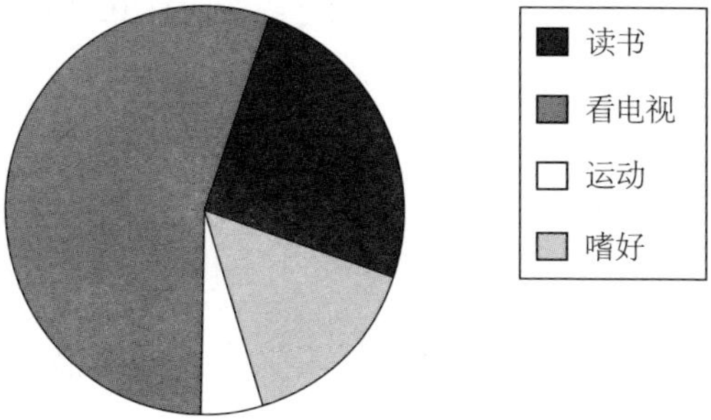

图 7.2　非自得其乐性格的青少年在各项活动中所耗费时间的比例

针对美国 202 位自得其乐性格，以及 202 位非自得其乐性格青少年所做的代表性研究，也获得了类似的显著结果。由此可见，自得其乐性格的显著特点之一就是对时间的运用。被动式娱乐及休闲没有机会运用到技能，唯有动脑、用心地工作或从事主动式休闲，你才能从中体验到心流。

但是，自得其乐性格青少年的生活品质，难道就优于其他同龄人吗？由于在我们的定义中，自得其乐性格通常都表现在高挑战度的情境中，因此，这些青少年所从事的高挑战度活动也只能说是我们的定义而已。真正的问题是：人们若经常处于心流状态，是否真的有助于提升主观感受？

答案是肯定的，我们由图 7.3 即可看到这一结果。这是针对代表全美高中人口的两组青少年——202 位自得其乐性格及 202 位非自得其乐性格学生的生产类活动（包括读书或支薪工作），进行一周的 ESM 调查的平均结果。其中显示，前组青少年在生产性活动中表现出高度的专注力及自尊心，并十分肯定眼前所做的事对将来很有助益。然而，在快乐或乐趣方面，两组的差异并不显著。

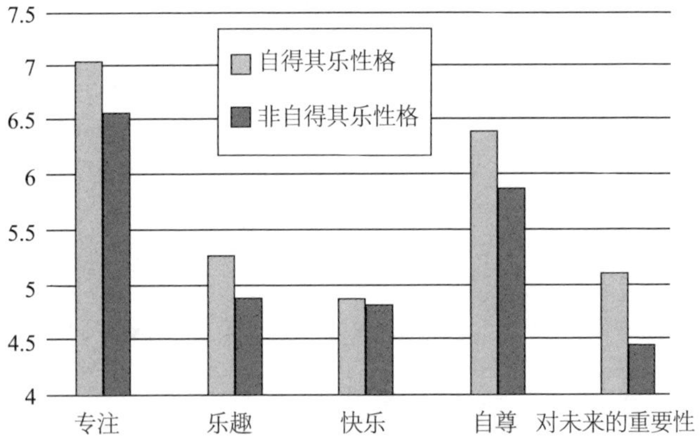

图 7.3　针对 202 位“自得其乐性格”及 202 位“非自得其乐性格”青少年的生产类活动，进行为期一周的 ESM 调查后，所获得的体验品质比较

资料来源：Hektner 1996 and Bidwell et al. 1997

两组青少年主动式休闲的体验品质又是如何呢？由图 7.4 不难看出其中的差异。果然不出所料，两组青少年在休闲中所感受到的乐趣与快乐都比生产类活动高。然而，此时的他们不仅专注力较低，也不觉得这些活动对未来具有重要性。

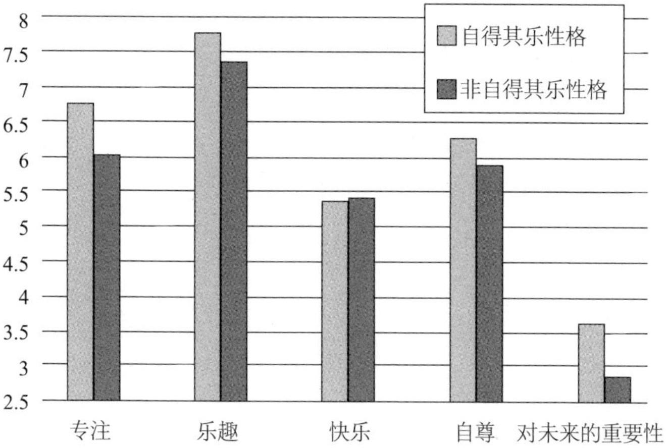

图 7.4　针对 202 位“自得其乐性格”及 202 位“非自得其乐性格”青少年的主动式休闲，进行为期一周的 ESM 调查后，所获得的体验品质比较

资料来源：Hektner 1996 and Bidwell et al. 1997

为何不能更快乐

除了快乐那一项，其余各项都具统计意义。具有自得其乐性格的青少年更专注、更能自尊自重，也更能看出自己所做之事与未来具有相应的关联。所有结果都符合我们所料，只有一项例外：为什么他们没有更快乐？

数十年来，我借由ESM方法进行无数研究发现，生活品质不能全凭个人报告的快乐与否判断。有些人就算讨厌工作、毫无家庭生活可言，也会说自己很快乐。人是很有弹性的生物，即使事事都不称心，也有办法让自己不悲伤沮丧。如果连一丁点儿快乐都没有，人还有继续活下去的必要吗？

具有自得其乐性格的人不见得会更快乐，但因他们所做的事情比较困难繁复，因此他们对自己的感觉比较好。光是因为生活过得好而感到快乐是不够的，重要的是，人们还要能在从事有利自身技能锻炼、有利个人成长及发挥潜能的工作时感到快乐。幼年时期尤其如此，青少年若因无所事事而觉得快乐，长大之后，很可能就快乐不起来了。

另一项有趣的发现是，具有自得其乐性格的青少年与家人相处的时间大约是一周四小时，远高于另一组。由此可知，这些青少年之所以能甘之如饴地做各种事情，似乎是因为家庭能提供庇护，让他们在其中安然无惧地进行试验，无须害羞或担心输赢。

美国的儿童养育方式强调尽早独立，青少年一旦离开父母，身心两方面很快便会成熟。但提早成熟并不如想象中好，太早让青少年独立生活反而使他们易缺乏安全感，很多事都不敢去做，甚至更难在成人世界觅得立足之地，所以有必要拉长依赖期，以便让孩子们做好充分准备。

专注的力量

创意洋溢的人通常也具有自得其乐的性格。他们之所以能够获得突破性的进展，是因为他们能将多余的精力投注在琐碎平凡的事物上。神经心理学家伯纳德·米尔纳提及自己的工作态度时，说道：

> 我并不偏重伟大或重大的事物，因为每一个微小

的新发现，即使再渺小，在发现的那一刻，仍然十分振奋人心。

这些话也道出了其他领域的先锋科学家或艺术家的心声。历史学家戴维斯对于挑选研究主题做出解释：

我对某些问题真的万分好奇，达到无法自拔的地步……此时，我只觉得这问题有趣至极……除了好奇心和欣喜，我不知道自己还投资了什么。

发明家弗兰克·奥夫纳在改良喷射引擎及脑波扫描器（EEG）之后，以 81 岁高龄对毛发细胞的生理学研究产生了兴趣。由此正可以看出，具有自得其乐性格的人在面对生命疑惑时，即使事情表面上看来微不足道，也会抱着谦恭的态度：

噢！我喜欢解决问题，不论是洗碗机坏了、汽车不动了，还是神经的运作原理，我一概都有兴趣。现在，我正和彼得研究毛发细胞的生理现象，嗯……真是太有趣了……我才不管这是属于哪一类的问题，只要能解决，就有乐趣。解决问题实在是很好玩的事，不是吗？这不就是生活中的趣事吗？

由最后一句话也可看出，自得其乐性格者的兴趣不完全是被动式的或冥想式的，他们还要具有弄清问题的企图心，也就是发明家想解决问题的意图。最重要的是，这兴趣必须不完全是为了个人的私利。唯有将注意力适度转离个人的目标及野心，你才有机会理解现实的本质。

学会管理时间

如果你未能在童年发展出好奇心或兴趣，不妨从现在开始，以免迟迟无法提升生活品质。原理很简单，实行较困难，但还是值得尝试。

首先，发展一种不论做什么事都全神贯注、运用技能的习惯。如果能付出心力、细心做事，就算是洗碗、穿衣、割草等例行性工作，你也会从中获得回馈。其次，每天将若干精力转移至自己厌恶的事、未曾做过的事，或想做却嫌麻烦的事情上。世上值得看、值得做、值得学习的趣事何止千万，但我们若不肯花费心思，便无法尝到真正的趣味。

许多人会说，这项建议根本没有用，因为他们有太多事情要做，时间都用尽了，根本不可能再去做其他新鲜有趣的事。于是，一天中最常听到的抱怨就是“时间不够用”。

这种情况大半是未能掌握人生的借口，在我们所做的事情中，到底有多少是真正必要的？如果能先花点儿精力分析轻重缓急、加以安排，并简化损耗精力的例行性事务，又有多少事情是可以免除的？

如果任光阴由指缝中流逝，时间很快就会用完。所以，我们必须学会仔细管理时间，但目的不光是追求未来的财富及安稳，而是享受此时此刻的人生。

掌控注意力

要想发展个人的兴趣与好奇心，为享受生活而享受生活，首先必须拥有时间，其次是具备掌控精力的能耐。我们不能仰赖外在的刺激或挑战来促使自己专心，而是要学会靠自己的意志力集中精神。这种能力与兴趣的关系是通过互为因果、互相强化的过程而建立的：如果你对某事有兴趣，就会在这上面用心；若对某件事情用心，你便很容易对它产生兴趣。

许多令我们觉得有趣的事，并非因为它原本就有趣，而是因为自己为它花了不少力气。昆虫与矿石本身并不十分迷人，但只要开始搜集，你就会发现它们的可爱。人也是一样，一旦你深入了解对方的生活与思想，对他们的观感就会全然改变。跑马拉松、登山、打桥牌与看戏剧都是十分枯燥的事，但对投注许多精力、了解其中奥妙的人并非如此。人们若专注在现实生活中的某个领域，自然会有无穷的机会出现，让人透过身心、情绪等磨炼技能，我们实在没有理由说无聊。

能掌控注意力，便能掌握体验，进而控制生活品质。只有专心致志，资讯才能进入意识之中。专注力宛如一层滤网，夹在外在事物与内在体验之间。我们所感受到的压力大半与掌控注意力的能耐有关，而非来自发生之事。生理疼痛、金钱损失或社群关系恶化对人的影响，取决于人们对它的在意程度，以及它在人们心中所占的分量。

面对痛苦时，你若耗费越多心神，苦楚便越发真实，意识也越加紊乱；但若一味否认、压抑或曲解，亦非解决之道，因为这些信息会在心灵深处继续酝酿，为防止它再度燃起，我们反而要耗损更多精力。最好的方法是正面相对，承认它的存在，然后尽快投入自己挑选的事情中，让自己忙得不亦乐乎，无暇他顾。

一般来说，注意力受基因遗传、社会制约及幼年习惯所控制。因此，我们应该注意何事、何种资讯会进入意识等，并不能自行决定。由此可知，不论从哪一方面来看，生命都不是自己的。我们将学会何者值得看、何者不值得看；什么该忘记、什么该记得；看见一只蝙蝠、一面旗帜或以某种仪式崇奉神祇的人时，该有何种感觉。我们会学习追求值得过的生活，学到什么是令人死而无憾的事物。

年复一年，我们的体验都循着生理与文化的脚本演出，唯一可以掌握人生的方法就是学会让精力与意图同步，将精神能量投注在自己想做的事情上。

第八章

爱你的命运

对每个人而言，美好生活的最大障碍就是自己，但若学会与自己共存，拒绝需求的诱惑，自我便会变成朋友、帮手及建立充实人生的基石。

不管你喜不喜欢，生命都会在宇宙中留下痕迹。每个人的出生就像一阵涟漪，在社会环境中逐渐扩散，像父母、手足、亲戚朋友，都会受到影响。随着我们的成长，我们的所作所为也会在经意或不经意中造成无数结果。消费者的抉择对经济影响极小，政治抉择则对社会的未来影响深远，每一项或宽或严的决策对全人类的福祉都有一定的作用。具有自得其乐性格的人，可协助身旁的人化解精神熵；将全部精力用于争名夺利、提高个人地位的人，只会为全人类带来更大的紊乱。

人若无法找到比实现自我更伟大、更永恒的目标，就绝对难以拥有真正美好的生活。但目前仍沉醉在重大科技进步中的人们，却已逐渐忘记这些。在美国及其他科技先进的国家，由于个人主义及物质主义的泛滥，社群感及精神价值几乎已荡然无存。

生活的艺术

著名的儿科医生本杰明·斯波克至少影响了两代父母的儿童养育方式。他早年不甚认同强调独立自主及个人主义的养育方式，后期他更认为，让儿童学习为共同利益而工作、尊重宗教、欣赏艺术及其他生活层面，也是十分重要的事。

事实上，过度自恋的不良结果处处可见，例如，许多人不愿许下承诺，与伴侣白头到老，以致在发达国家中，有半数的都市人口都过着单身生活，或出现极高的离婚率。另外，在一次次的调查中也发现，人们对于过去信赖的组织或领导人也逐渐失去了信任。

为了避免听到坏消息，我们逐渐学着像鸵鸟一样将头埋入沙中，并退回大门深锁的堡垒，以不友善的态度武装自己。但是，在乱世中独善其身，并不能使人获得美好的生活，这也正是苏格拉底及遭受独裁统治的人所悟出的道理。如果我们只对自己负责，事情会简单得多，不幸的是，往往事与愿违。人们若想享有美好的生活，就必须积极负起全人类、全世界的责任。

然而，真正的挑战在于：你不但要化解周围的乱象，而且要保持自己心灵的平和。佛教徒有几句告诫可作为参考：

一面耻笑自己痴想以一己之力改变现状，一面认为宇宙的未来取决于自己的举动，而不得不谨慎行事。

正是这种严肃与戏谑、关切与谦恭的混合，使得人们能在专心致志的同时，又得以自在无忧。若能保持这样的态度，你无须胜利也可感到满足。不论结局如何，出力维持世界秩序，本身就是一种回报。若是如此，就算为正当理由作战而吃了败仗，你也能在其中获得喜悦。

了解自我，学会与己共存

若想脱离上述困境，首先得更透彻地了解自我。

人若无自我，便无法前进。但自我形象也有害处，因为它在幼年时期一旦形成，便开始掌控人的全部意识。由于我们认同它，认定这是自己主体所在，因而自我逐渐变成意识中最重要的部分，有些人甚至还将它奉为唯一值得关切的对象。危险的是，此时你的精力会全部投入自己创造的假想体，去满足它的需求。

如果自我引导的方式尚称妥当，情况或许还不会那么糟，但受虐的儿童却有可能在长大后出现绝望、报复的自我形象；缺乏关爱、放任沉沦的儿童则可能会有自恋倾向。自我也有可能会无限膨胀、言过其实地夸大自己的重要性。拥有这种扭曲的自我形象的人，会为了满足需求而不计一切代价，如果他们觉得自己需要更多权力、金钱、关爱或刺激，将会不择手段去达成目的，即使没有长远利益也不在乎。在此情况下，他们的精神能量受到暗怀鬼胎的自我主导，极可能会在环境或意识中兴风作浪，制造混乱。

缺乏自我意识的动物，会拼尽全力满足生理需求，它们会攻击猎物、防御领域、争夺交配伴侣，但如果这些需求都得到满足，它们就会停下来休息。然而，人的自我形象若建立在权力或财富上，努力便没有止境，他会不计一切追求自己设立的目标，就算赔上健康，或是需要打倒其他形成阻碍的人，他也毫不在乎。

有人问小说家斯特恩，什么是他写作生涯中最难克服的障碍，他回答道：

> 我认为，最难克服的是自己无聊的一面，也就是虚荣、骄傲、未获应得礼遇的感觉、与别人互相较量之心等。我费了很大的工夫去克服。我很幸运还拥有一些优点，让我得以对抗悲观与愤恨。我见过一些更有才气的同事及同辈，他们就是这么被击垮的。我曾在心中感受到它的存在，但我已学会如何对抗。

我会这么说："最大的阻碍就是自己。"

对每个人而言，美好生活的最大障碍就是自己，但若学会与自己共存，像尤里西斯般找到方法，抗拒需求的诱惑，自我便会变成朋友、帮手及建立充实人生的基石。斯特恩还提到自己如何驯服脱缰的自我，将它化为创作：

> 当然，我也有龌龊、偏见、软弱等缺点。我可以从中汲取力量……予以转化，这些都是力量的源泉。正如我先前所说，作家会把它们作为写作素材。

我们无须成为艺术家，也可以将自我"无聊的一面"转化为对人类深入的了解。人人都有机会将野心、被爱的需求甚至攻击性，改以建设性的方式予以表达，而不被它们牵着鼻子走。一旦揪出内心的恶魔，你便用不着再害怕，也不必将它当作一回事，对这些想象之物的傲慢，你大可一笑置之。除非自己愿意，除非这么做有利于达成某些重要目的，否则你就无须满足这些贪得无厌的需求。

当然，知易行难。自 3 000 多年前在德尔斐神谕出现“了解自己”的忠言起，想过这类问题的人都一致认为，人必须先了解自己，进而掌控自我，方能拥有美好的人生。然而，我们在这方面的进展很缓慢，对自我的了解十分有限。凡是大力颂扬忘我美德的人，最后大多还是被贪婪与野心所驾驭。

20 世纪有关自我了解的研究，最为人熟知的就是弗洛伊德分析。心理分析家受到两次世界大战之间愤世嫉俗之风的影响，在这方面的见解十分有限，除了教我们自我了解，并未说明应该如何利用这份知识。尽管影响深远，揭发自我所带来的了解，还是局限于家庭三角关系及性压抑的不良后果。另外，不可忽略的是，这见解也同时让它的信奉者误以为，只要去除童年创伤，就可以从此过着幸福快乐的生活。可惜的是，自我远比这些了解复杂、狡猾得多。

心理分析疗法主要是借由回忆，让接受治疗的人与分析师一起分享过去的经验。这种引导式的反省十分有用，形式上也与德尔斐神殿的神谕相去不远。问题是，这类疗法的普及让大家相信，借由内省与反思过去，人们终可解决难题。但这么做通常都不会成功，因为我们为了解决问题，在回顾过去时都已戴上扭曲的眼镜。唯有经由专业治疗师或长时期的辅导，方能自内省中受益。

不仅如此，自恋式社会所鼓励的反思习惯，实际上可能会使情况更糟。ESM 研究显示，当人们想到自己时，情绪通常是负面的，如果你不善于此道，一旦开始反思，第一个跃入脑中的念头多半是沮丧的。人在心流中常会忘我，在淡漠、担心或无聊时，自我便会跃居主宰。因此，除非你精于反思的技巧，否则“思考问题”不但不能减轻问题，反而会加重问题。

大多数人都只在不如意时才会反省自己，由此进入恶性循环，在眼前的焦虑与痛苦回忆的交互影响下，便会越发自觉悲惨。要想打破这种循环的方法是：养成在斗志昂扬、对生活尚感满意时才反省人生的习惯。但更好的办法是：将精力投注在与自我间接相关的目标或人际关系上。一旦体验到复杂互动中的心流，体验到具体且客观的回馈，我们便可轻而易举地对自己产生正面的看法。

朝目标前进

明确的目标有助于人们体验心流，但这并不是为了要实现重要的目标，而是因为若缺乏目标，人们便无从集中精神、避免分心。由此可知，登山者设定登顶的目标，并非因为极度渴望登顶，而是因为有了目标，才能获得登山的体验。如果没有登顶的目标，登山便成为郊游踏青，缺乏目标及挑战所带来的昂扬斗志。

无数的证据显示，即使无法体验心流，做一些符合目标的事情也能有利于心情。例如，与朋友相聚通常是一件兴奋的事，若你当时正好想与朋友碰面，必定格外开心；但若觉得自己应当工作，那么，就算是同样一批朋友，你的感觉也会大打折扣。反过来说，如果你对某项工作深感厌烦，但若能试着将它当成目标的一部分，感觉就会大为好转。

由种种发现可知，改善生活品质的简单方法就是掌控自己的行动。人类所做的事情当中，有一大部分（平均超过 2/3）是自觉不得不做，或因为不想做其他事情而只好先做这件事。许多人一生就像一具傀儡，只有在别人扯动线绳时才有所行动，这种情形很可能让人觉得自己精力都浪费殆尽。因此，问题是：为什么我们“不想”多做一些事情呢？只要集中精神、在脑海中排定行事的先后顺序，内心就足以产生安详和谐之感。

生活中有许多事情是你必须做却又不乐意做的，例如开会、清理垃圾、处理账单等。有些事是躲也躲不掉的，就算才高八斗，你也仍然非做不可。因此，你只有两条路可走，一是百般不愿、牢骚满腹地做；一是心甘情愿地做——后者显然在感受上较为正面。就算是最令人瞧不起的工作，你也可以设立目标，例如除草时尽可能缩短时间，提升效率。

热爱命运

这种态度充分表现在尼采哲学的中心思想——“热爱命运”上。他在讨论人如何才能活到极致时，如此写道：

> 我给伟大开的药方是“热爱命运”，也就是不求相异，不求前进，不求后退，不求永垂不朽……不光是忍受无可避免之事……而是要爱它……我想要逐渐学会领悟事情必要性之美，如此我方能成为制造美丽事物的人。

马斯洛从研究中也得出了类似的结论。他在观察及访问一些被他认定为自我实现之人（包括创造力十足的艺术家及科学家）后，得出一个结论：充实的巅峰体验来自成长的过程，其中又牵涉自我与环境的配合。他将这种现象称为“内在需求”与“外在需求”一致，或“我想要”及“我必须”之间的协调。唯有如此，“你才能自由自在、快快乐乐、全心全意地拥抱自己的志向。你的命运就是自己的选择及意愿”。

心理学家卡尔·罗杰斯也有类似的看法，他认为，功能健全的人格是：

> 这种人的行为是出于自己的决心或选择。他试图在内外的激励中，寻求一种最简洁有力的行动途径，因为这一行为最令人满意……功能健全的人不光能体验到自发、自在、自愿选择，以及矢志不渝的绝对自由，并且还能加以运用。

由此可知，不论是出于自发还是外在的压力，热爱命运相当于接受自己的行动主宰权。由于这份认知，个人才有办法成长，并获得祥和愉悦之感，扫除日常生活紊乱所带来的心理负担。

发现心流

『心流』名家解读

中信出版集团 · 北京

目录

自造内心秩序之途

郑也夫
（北大社会学系教授）

幸福源自内心的秩序

下面介绍的这本书，出版于1990年。台湾1993年有了张定绮先生的译本，中信出版社2009年购买并出版了这个版本。我2000年时读到台湾的译本，当即惊为“奇书”，在我讲授“消费社会学”与“幸福导论”课程时推荐给了同学们。他们拿走我的复制本去复印，读后争着汇报他们的喜悦。

本书作者米哈里·契克森米哈赖，1934年生于当时的南斯拉夫，今天的克罗地亚。我早已是他精神上的密友，故下文不见外地称他米哈里。米哈里1965年获得芝加哥大学博士学位，1969年至2000年在芝大任教。小他8岁的塞利格曼，晚于本书一年，即1991年出版了《学习乐观》（*Learned Optimism*）。二人志趣相投，

2000年联手发表《积极心理学导论》一文。这标志着积极心理学的问世。

米哈里这本书中有三个核心词：一是幸福；二是最优体验，他称之为心流；三是精神熵。我们就从这三个核心词说起。

幸福是今天通吃世俗与学界的热门话题，而米哈里和塞利格曼无疑是当代幸福研究的先驱。

米哈里从探讨幸福为什么难以得到开端。他说："幸福如此难能可贵，主要是因为宇宙初创之时，就没有以人类的安逸舒适为念。它广袤无边，充斥着威胁人类生存的空洞与寒漠，它更是一个充满危险的地方。"

对幸福的这种认识被后来的生物学家展开，指向动物与人类的身体机制。他们说：大马哈鱼溯江而上，产卵后便死去；自然选择筛选出的这种机制为了繁衍连母体的生命都要牺牲，快乐在其中怎么能算得上重要的追求呢？他们又说：人类性交为何这么短促？完成配种就够了，沉溺其中极可能成为天敌的点心。

米哈里认为，他所看重的学术风格兼有基础研究和实践应用的贡献。他认为能为幸福研究做出重大贡献的是三个学科：生物学、心理学、社会学，而非当下的一些显学。作为心理学家，生物学与社会学是他的第二只、第三只眼睛。

在论述人类幸福难以追求时，他独具慧眼地比较了人类与动物的差异。他说："动物的技巧总是能配合实际的需要，因为它们的心灵只容纳环境中确实存在的，并与它们切身相关、靠直觉判断的资讯。饥饿的狮子只注意能帮助它猎到羚羊的资讯，吃饱的狮子注意力则完全集中在温暖的阳光上……动物中除了人以外，都不会自作自受，它们的进化程度还不足以感受沮丧和绝望，只要没有外来的冲突干扰，它们就能保持和谐，体验到人类称为心流的那种圆满。”人类与动物的最大差别在于神经系统过于发达。感知和摄取更多的信息，无疑有利于人类生存。对外部情况不感知，当然更危险，但感知更多往往也更苦恼。常言说：无知无畏。反之，多知多畏，多知多忧。于是焦虑增长。刚巧一切平安的时候呢？神经系统过于发达的人类偏偏又会感到枯燥无聊。进化为什么导致人类这种极难伺候的身心配置？刚才说过了，自然选择出的生理机制只是服务于人类生存繁衍，没有增加幸福快乐的考虑。

人类成员中最不堪大量信息闯入的是精神分裂症患者。米哈里说：“精神分裂症患者会不由自主地注意到所有不相干的刺激，接收所有资讯。而很悲惨的是，他们并没有控制任何事物进出意识的能力。”有些病人把这种现象描述得很生动：“事情太快地涌进来，我失去控制，终于迷失了。”我认为，人类成员们看似不同的性格其实是连续谱，而不是割裂为正常人与病人两大类别。病态常常以其凸显的特征，帮助我们认识常态。多数人未因信息过多而致残，但未尝不是信息过多的困扰者。在如何面对外部的悲观信息上，米哈里与塞利格曼给出了两种解答。塞利格曼的看法是，不同的解释方式决定了不同的生命状态。我们继承了祖先悲观与审慎的解释方式，在远古残酷的生存竞争中需要如此，但现在的生活已经远离零和博弈，没有那么残酷，因此“解释”可以向乐观的方向调整。轻度悲观使我们在做事前三思而后行，但大部分时间乐观更好。米哈里的方法是，面对太多的，包括负面的信息，你必须找到一项能长久地凝聚自己注意力的活动。这样你面对众多信息时便有了轻重之别，乃至屏蔽若干信息。二位的共同性是强调个体的主观能动性。

金钱是否能让人幸福呢？米哈里做了断然的否定。今天越来越多的学者认同这个看法，但其中一部分人立即将幸福置换到昨天金钱占据的位置上，他们认为幸福才是人生理当直奔的主题。米哈里与笔者对此大不以为然。米哈里引用了笔者也曾引用过的弗兰克的话：“事实上，幸福感通常根本不是作为目标而浮现于人们的追求面前，而只不过表现为目标既达的某种附带现象。然而在神经官能症患者那里，这种原初的追求似乎都被扭曲为对幸福的一种直接性追求，扭曲为快乐意志……快乐成了注意力的唯一内容和对象。然而，神经官能症患者在多大程度上纠缠于快乐之中，他便在多大程度上让快乐的根据从眼皮底下跑掉，而快乐‘效应’也不会再出现。”米哈里在本书中的全部研讨都是在证明幸福不是人生主题，而是附带现象。幸福是你全身心地投入一桩事物，达到忘我的程度，并由此获得内心秩序和安宁时的状态。

在人们认识幸福的误区中，比金钱更本质的是感官享乐。米哈里一言蔽之：“享乐的片刻转瞬即逝。”“寻求快乐是基因为物种延续而设的一种即时反射，其目的非关个人利益。进食的快乐是为确保身体得到充足营养，性爱的快乐则是鼓励生殖的手段，它们实用的价值凌驾于一切之上……但实际上，他的性趣只不过是肉眼看不见的基因的一招布局，完全在操纵之中……如果无法抗拒食物或酒精的诱惑，或无时无刻不欲念缠身的人，就无法自由控制内在的心灵。”“跟随基因的反应，享受自然的乐趣，并没有什么不好，但我们应该认清事实真相。”

人类有一个超大的意识系统。意识系统需要秩序，其无序时人们会焦虑、烦躁。生理欲望需要满足。但无论欲望满足上欠缺、适当还是过度，都与意识系统中的秩序较少关联。而“好的生存状态”，英文直译为 well being，就是幸福的意思，“好的生存状态”要兼括生理满足与精神系统中的秩序。后者如何获得，是米哈里写作本书的目的所在。米哈里不是从寻常视角去讨论内心的秩序，而是从大自然的秩序之起点开讲，即熵与反熵。

负熵与精神熵

大自然中的大多数运动包含能量转换，所以热力学的两个定律是最基础的理论。第一定律是能量守恒，即发生的只是转移，总能量不增不减。若一个中间被隔开的容器中，一边装有热水，另一边装有凉水，发生的只能是热水的温度下降，凉水的温度上升，不可能相反。这就是热力学第二定律所关注的。其主要内容有三：第一，凉的物体不可能向热的物体传递热量；第二，能量转化中必有损耗；第三，在自发过程中，浓度趋于扩散，结构趋于消失，有序趋于无序。无序的量度被称作“熵”。一切自发的物理过程，都是熵增加的过程。

生命现象是个奇迹。它将太阳能转化成生物能，并从无序中发展出有序。薛定谔以物理学家的眼光看到了大自然中的这个反例，称之为“负熵”。负熵就是从无序走向有序的趋势。

米哈里借鉴上述思想提出了“精神熵”。他认为，资讯对人们意识中的目标和结构的威胁，将导致内心失去秩序，就是精神熵。米哈里说“精神熵是常态”，好可怕呀。在他看来精神熵的反面就是最优体验，他称之为“心流”。

我称这本书为奇书，因为它内容新奇，还因为它很难归类，既有科学的成分，似乎也有哲学乃至形而上学的味道，可能是因为作者讨论了一些本质的、科学还难于进入的问题。但是本书中的奇思妙论，不是基于玄想，而是调查。

作者和他的小组访问了职业、学历各异的男女老少。让每个对象佩戴一个电子呼叫器，为期一周。呼叫器每天不定时呼叫8次。呼叫器一响，受测者就要按照满意度的等级，记录当下自己的感觉，并记录当下从事的活动。这些分析记录超过十万份。故最优体验发生于何种活动中，是大规模调查的结果。甚至“心流”一词也非作者自创，而是多数被调查者描述他们的最优体验时所用的词汇：“一股洪流带领着我”。

米哈里这样概括心流的成因和特征。第一，注意力。他说：体验过心流的人都知道，那份深沉的快乐是严格的自律、集中注意力换来的。第二，有一个他愿意为之付出的目标。那目标是什么不要紧，只要那目标将他的注意力集中于此。第三，有即时的回馈。第四，因全神贯注于此，日常恼人的琐事被忘却和屏蔽。第五，达到了忘我的状态。

他举出一些典型的角色及其行为，诸如攀岩选手、外科医生、诗人、剧作家，来说明心流。

一位攀岩选手这样描述自己的感受：“越来越完美的自我控制，产生一种痛快的感觉。你不断逼身体发挥所有的极限，直到全身隐隐作痛；然后你会满怀敬畏地回顾自我，回顾你所做的一切，那种佩服的感觉简直无法形容。它带给你一种狂喜，一种自我满足。只要在这种战役中战胜过自己，人生其他战场的挑战，也就变得容易多了。”

外科医疗的性质决定了它是最能集中注意力的。很多外科医生表示给多少钱也不干医院其他科的工作。他们认为：内科治疗常常看不清目标。神经科的目标更模糊，常常十年才能治好一个病人。除了目标清晰，外科的诊断与手术中会不断得到回馈，以评估进展。明确已获得的进展，与全神贯注地继续工作密切关联。

米哈里说："近年来有很多人指出，诗人与剧作家往往是一群严重沮丧或情绪失调的人，或许他们投身写作这一行，就是因为他们的意识受精神熵干扰的程度远超一般人；写作是在情绪紊乱中塑造秩序的一种治疗法。作家体验心流的唯一方法，很可能就是创造一个可以全心投入的文字世界，把现实的烦恼从心灵中抹去。"喜欢科学的王小波一定知道熵，不知道他读过本书没有。但他说过，他的写作是"反熵"行为，这一点倒是与米哈里的看法如出一辙。

全神贯注某项活动，精神消耗一定更大，好在当事者心甘情愿——这似乎是常识。但米哈里告诉我们：不对。有实验证明全神贯注减轻了脑力负担。"最合理的解释似乎是：心流较强的那组人能关闭其他资讯的管道，只把注意力集中在接收闪光的刺激上。这使我们联想到，在各种情况下都能找到乐趣的人，有能力对外来刺激进行筛选，只注意与这一刻有关的事物。虽然一般认为，注意力集中时会增加处理资讯的负担，但对于懂得如何控制意识的人而言，集中注意力反而更轻松，因为他们可以把其他不相关的资讯都抛在一旁。他们的注意力同时极具弹性，与精神分裂症患者完全不由自主地注意到所有刺激恰成强烈对比。这种现象称为'自得其乐的性格'，或许能提供神经学上的解释。"

我当下能想到的三个案例，似乎可以旁证这个判断。

第一个案例是爱因斯坦，他说：进入科学殿堂的有几种人。

第一种人智力超群，来这里为了出人头地。第二种人做科学研究是享受。但是科学的殿堂之所以存在不是因为他们，而是因为第三种人，后者走进科学是出于对世俗生活的厌倦。

第二个案例是陈景润，他暴得大名后，荣任全国政协委员，少不了出席两会。陈委员常常逃会，且避开室友，躲到厕所中思考他的数学。

我猜想二位的行径中，可能既有热爱科学的成分，也有避开烦恼的常人心理。他们沉浸于科学，也经历过世俗，知道专心科学更省心，回到世俗费神。

第三个案例是我本人。我的经验是，在写一篇较大作品的时候，通常是几个月，身体总是很好。相反，不做大活的时候，身体常有这样那样的不自在。

这个实验太关键了，即使进一步实验的结果不是一边倒。

专注是心流的关键。于是问题来了：中国的高中生在应试的压力下不是也很专注吗，他们体会到心流了吗？我的判断是否定的。爱因斯坦就抱怨他的一次应试经历，他说过后很长时间都不能复原。为什么如此？第一，那活动不是他心向往之，而是被迫的。第二，反复无数次的复习中，没有任何新的刺激，完全是乏味的重复。故高考结束之日，就是全体考生背叛这一活动之时。上述造成心流的活动，比如攀岩、写诗、思考哥德巴赫猜想，哪能如此。一句话，能造就心流的活动，大多还需要当事者自觉自愿，乐在其中。米哈里的著作中没有对“考生的专注”多花笔墨，可能是因为在他的国家中，这种灾病不成气候。

可以造就心流的活动中必有挑战，且挑战应该是动态的，即当挑战与你的技能匹配时，有了心流。当挑战的目标大大高过你的技能时，将产生焦虑，此时应降低挑战目标。当你的技能高过设定的目标，继续持续这种活动将产生厌倦，便要提升目标，以求挑战和心流的持续。正是在技巧提高、目标上调的过程中，当事者感受到了成长的乐趣。此为幸福之真谛。

自寻目标的时代

集中注意力是造就心流的关键。而凝聚注意力需要一个目标。目标从何而来呢?

在传统社会中，为百姓们提供人生目标的是社会权威：国王、主教、政府。他们提供的目标有：宗教、道德、阶级习俗、爱国主义。最后到来的一个目标提供者是商人，他们宣扬的是消费。这些目标渐渐失效，不再吸引众生。

原因之一是，这些目标设置的动机或者是维护社会秩序，或者是鼓吹者自身的利益。社会秩序的考虑在古代是成立的，没了社会秩序大家都要遭殃。但现代社会秩序的基础已经改变，不是同仇敌忾，而是越来越大范围的分工合作，是以市场竞争为主要渠道的上下流动。商人们宣扬购买，但购物不包含复杂的身心投入，不造就内心的秩序，更不会带来成长的乐趣。购物从根本上说有利于商人，而非顾客。自上而下的其他几种目标，其实异曲同工，都是更有利于宣讲者或统治阶层。

原因之二是，人类成员们的兴趣、潜能大不相同。单一的目标，即使很好，也只能吸引一个群体中十分之一的人去追求。能吸引群体中大多数成员的，必是多个目标。提供目标的人，必有其主观偏好和私利，长官的意志当然是这样，即使是父母也很难豁免。因此目标要自己去寻找。

我们一不留神说到父母了。为对得起有适龄子女的父母，有必要多说几句。积极的、能为自己建立兴趣的性格，有先天的成分，不是所有人都能如此。但是也与早期成长关系密切。这就涉及孩子成长的家庭环境。米哈里认为：好的家庭环境就是不替孩子设立目标；家长当然不可以什么都不管，但家长设定的不可以做的界线要清晰，界线之内的空间是孩子的，即给他留下较大的自选空间；并且家长对孩子当下的兴趣、所做的事情和感受要留心和重视。用米哈里的话说：这样“孩子知道什么事可以做，什么事不可以做，不必老是为规制与控制权而争吵；父母对他们未来成就的期望也不会像一片阴影，永远笼罩在他们头上；同时不受混乱家庭分散注意力的因素所干扰，可以自由发展有助于扩充自我的兴趣与活动。在秩序不佳的家庭里，孩子的大部分能量都浪费在层出不穷的谈判与争执，以及不让脆弱的自我被别人的目标所吞噬的自我保护上”。

人生目标的获得不能抄袭，没有捷径。米哈里说：获得最优体验的手段，“不能浓缩成一个秘诀，也不能背诵下来重复使用……每个人必须自行从不断的尝试与错误中学习”。

米哈里问读者：什么是自得其乐？他自己的回答是：“就是‘拥有自足目标的自我’，大多数人的目标都受生理需要或社会传统的制约，亦即来自外界。自得其乐的人，主要目标都从意识评估过的体验中涌现，并以自我为依据。”

外界向你提供目标时，往往以某种奖励吸引你追随它。世上大多数奖励的动机是控制你。不做外部目标的奴隶，就要拒绝它们的奖励。拒绝外部奖励的最有效的方法是建立“内奖”，即选定你的目标，在追随目标的努力中，获得内心的秩序和成长的乐趣，这就是内奖，就是自我奖励。

在讨论心流与目标时，米哈里还提出了“自成目标”的概念，即目标是做你喜欢做的事情，而非做这件事情的报酬，尽管有时也存在报酬，有时也有社会效益。也就是为艺术而艺术，为科学而科学，为你喜欢的劳作而劳作。米哈里说：“开始时靠目标证明努力的必要，到后来却变成靠努力证明目标的重要性。”“登上山顶之所以重要，只因它证明了我们爬过山，爬山的过程才是真正的目标。”

以上说的是在设置人生目标上个人与社会的关系。接下来说生活中的群己关系。

灵长目动物中有选择以群体为生存单位的物种，也有选择以小家庭为生存单位的物种。同为群体生存的黑猩猩、大猩猩与人类曾经是一个物种，在200万年前分手。也就是说，人类群体生存的历史远远长于200万年。这经历结结实实地确定了我们的群体性。我们最大的痛苦常常不是来自大自然，而是来自伙伴，甚至亲人，所以哲学家说“他人是地狱”。如果每个普通人可以彻底离开他人，这句话就不会从哲人口中说出。并且，其实你的很多快乐，甚至最大的快乐，也是来自与他人的交往。乃至，如何和他人交往，成为你的内心秩序的组成部分。

现代社会与传统社会的一大差别是：社会成员们巨大的流动性。于是你的合作伙伴和亲密朋友，都不再是生来注定，不再限于乡亲，而是可以自己选择。择友是从少年时代开始就要学习的一门至关重要的技能。当然在这之前，首先要力争学会并长久保持亲属间的和睦。再说下去就是老生常谈了。就此打住，我们转向去讨论与群体生活对峙的“独处”。

米哈里在此处妙语连珠。他说：“学习运用独处的时间在童年时期就很重要。十来岁的孩子若不能忍受孤单，成年后就没有资格担负需要郑重其事准备的工作……如果一个人不能在独处时控制注意力，就不可避免地要求助于比较简单的外在手段：诸如药物、娱乐、刺激等任何能麻痹心灵或转移注意力的东西……英国哲学家培根引用一句俗语说：‘喜欢独居的人，不是野兽就是神。’倒不一定是神，但一个人若能从独处中找到乐趣，必须有一套自己的心灵程序，不需要靠文明生活的支持——亦即不需要借助他人、工作、电视、剧场规划他的注意力，就能达到心流状态。”

一方面，独处是建立自己的内心系统的必要经历。另一方面，有了自己内心的系统，更能够适应因偶然原因陷入的孤独的处境中。葛兰西、索尔仁尼琴、曼德拉等人的经历就是证明。米哈里说：“一个能记住故事、诗词歌赋、球赛统计数字、化学方程式、数学运算、历史日期、《圣经》章节、名人格言的人，比不懂得培养这种能力的人占了更大的便宜。前者的意识不受环境产生的秩序限制，他总有办法自娱，从自己的心灵内涵中寻求意义。尽管别人都需要外来刺激——电视、阅读、谈话或药物——才能保持心灵不陷于混沌，但记忆中储存足够资讯的人却是独立自足的。”

适当的独处有利于形成“自我”。我一直有一个感觉，国人的“自我”弱于其他民族。表情反映性格。国人的典型表情是嬉皮笑脸，相比而言异族人要严肃得多。我特别喜欢非洲木雕中的一脸肃穆。何以有如此差异？我的分析是，中国人“社会性”太强，打压了“自我”，使我们每每逢迎他人。缺少独处就缺少自我，而无个性的人组成的社会是缺少美感的。

心流与庖丁解牛

时下中国学者从事的很多社会调查，其结果和调查前的判断如出一辙。此种调查属于无聊的勾当。好的调查一定是调查前对结果毫无把握，有时调查后还发现了令人惊讶的事实。

米哈里的调查就是好的调查。其一，该调查发现，心流的体验，工作时（54%）大大高于休闲时（18%）。其二，面对“我现在是否宁可做别的事情”这一问题时，回答“是”，即愿意停止现在正做的事情的回答者中，工作的人大大高于休闲的人，即使工作者正处于心流的状态。这真是个值得思考的悖论。米哈里的解释是：很多人屈从于主流文化，认为工作是强制的，不去理性地比较自己工作与休闲的状态。对此我不完全同意。

调查中更多的心流出现在工作中，而不是休闲中。这符合米哈里的一贯认识。他引用弗洛伊德的话：“快乐的秘诀在于工作与爱”。

他在书中动情而生动地讲述了东西方两个劳动者工作中的心流体验。

“里柯·麦德林在一条装配线上工作。他每完成一个单元，规定的时间是43秒，每个工作日约需重复600次。大多数人很快就对这样的工作感到厌倦，但里柯做同样的工作已经5年多了，还是觉得很愉快，因为他对待工作的态度跟一名奥运选手差不多……训练自己创造装配线上的新纪录……经过5年的努力，他最好的成绩是28秒就装配完一个单元……最高速度工作时会产生一种快感，里柯说：‘这比什么都好，比看电视有意思多了。’里柯知道，他很快就会达到不能在同样工作上求进步的极限，所以他每周固定抽两个晚上去进修电子学的课程。拿到文凭后，他打算找一份更复杂的工作。我相信他会用同样的热忱，努力做好任何一份工作。”

这个案例中工作的挑战能造就心流是足够生动的。我倒想做一点笔走偏锋的评论。我常对学生们说，你们要选择一份与你自己智商相匹配的工作。不要干了十年后发现你已经穷尽了这份工作中的全部奥秘，索然无味了。中年后能否找到和重新学做一份挑战性的工作是存疑的。借棋弈做比喻，智商高的不要选择跳棋，要选择围棋，它能长久地吸引你。

令中国读者惊异的是，米哈里的第二个案例是《庄子 · 庖丁解牛》。这很让我感动，因为我一向认为这是中国文字中最美的一篇。庖丁无疑在劳作中进入心流的状态，从庄子全过程的描写可以清楚地看到。米哈里却有更多的期待。庖丁回答文惠君：“臣以神遇而不以目视，官知止而神欲行。”米哈里引用的英文翻译是：“Perception and understanding have come to a stop and spirit moves where it wants”。笔者以为，“以神遇”的意思是“以直觉应对”，译为“spirit moves”不妥。这个翻译误导了米哈里。遇—moves—flow，中英文字转化后的对比，令米哈里痴迷东方的“遇”与西方的“流”可以“融会贯通”。瑕不掩瑜，庖丁解牛确乎符合心流。但《庖丁解牛》没有说出米哈里的理论。

为什么对工作的不满成为社会主流舆论的组成部分，且出现上述调查中的悖论？我试做这样的解释。

正如米哈里所说：“工作可以残酷而无聊，但也可能充满乐趣和刺激。”最好的体验和最坏的体验都在工作中，而非休闲中。工作中好的体验与个人性格密切关联，故常常存留和藏匿在私人的内心，当事人未必有广而告之的愿望。而工作中的紧张、单调、劳累过度和低收入，则因劳工的利益诉求和他们伟大代言人振聋发聩的言论而进入公共领域，传染众生。工作虽然有内在的挑战和造成心流的可能性，但工作对雇主与管理者之外的员工还有其他的重要维度，最大的两项是自由度和收入。感觉收入上不公正会抱怨。一个可以从工作中获得心流体验的工人，工作效率多半不低，而如果其收入没有相应提升，则其抱怨的可能性多半高于效率较低、无心流体验的工人。所以上述悖论的解释空间甚大。“现在我宁可做别的事情”，未必是要从有心流体验的当下工作转移到无心流体验的休闲，有可能是从有心流体验但工资低的工作，换到有心流体验且工资较高的岗位上。缺乏自由度，正是青年马克思一针见血地指出的资本主义生产方式下劳动的“异化”。这批评雄辩且经久不衰。

米哈里从心流的角度触及这一问题，他的思路是改良的。他说：“通过工作提升生活品质，需要两项辅助策略。一方面要重新设计工作，使它尽可能接近心流活动——诸如打猎、家庭式纺织、外科手术等。另一方面，还得培养像莎拉菲娜、柯拉玛、庖丁那样自得其乐的性格，加强技巧，选择可行的目标。这两项策略若单独使用，都不可能使工作乐趣增加太多，但两者双管齐下，却能产生意想不到的最优体验。”“但目前的状况却是，那些有能力改变特定工作性质的人，并不重视工作能否带来乐趣。管理者的首要考虑是生产力，工会领袖满脑子也都是安全、保险与工资。短期看来，这些前提跟产生心流的条件可能有冲突。这实在很可惜，因为如果工人真正喜爱他们的工作，不但自己受益，他们的效率也会提高，届时所有其他目标都能水到渠成。”

米哈里改革的建议不易实现。连工会领袖都不致力于此，说明劳资双方其实共享资本主义价值观：货币收益。

但是随着时代的进展，突破口有望呈现。那就是伴随机器人的大规模问世，人们的工作时间将越来越少，闲暇将越来越多。这样，缺乏自由、自主的问题将缓解。工人虽然未能在工作中获得更多的自由和自主，但其整体生存中自由和自主的时间大幅度增加。而米哈里的问题也将转化，获得更多心流的主战场，将从工作转向休闲。

凯恩斯在 1920 年就发出了伟大的预言：经济问题将在百年内终结。"人类自从出现以来，第一次遇到了他真正的、永恒的问题——当从紧迫的经济束缚中解放出来以后，应该怎样来利用他的自由？科学和复利的力量将为他赢得闲暇，而他又该如何来消磨这段光阴，生活得更明智而惬意呢？"

好在历史上的贵族阶层已经做出了尝试，积累了经验。贵族阶层脱离了生产，率先面临生命不能承受之轻的挑战。一部分贵族陷入物欲不能自拔，另一部分选择体育、音乐、诗词歌赋的艺术化生活方式。中西方在此高度一致。

一方面，米哈里认为工作而非休闲，可以造就更多的心流。但另一方面，他讨论心流的生动案例中，休闲中的活动不在少数，比如他不断说到的攀岩、舞蹈、下棋。这些狭义的游戏，正是我们下面讨论的内容。

机器人驱赶我们去游戏

工作可以产生心流，游戏也可以产生心流。游戏与心流的关系更好理解。这不仅因为游戏的特征——下棋、打球、唱歌显然是有趣的，还因为人类创造出游戏，目的就是调整心情，变低迷为亢奋，变涣散为专注。孔子云：“饱食终日，无所用心，难矣哉！不有博弈者乎？为之犹贤乎已。”

我认为游戏王国中的第一重镇是体育。米哈里没这么说，但其在书中专门讨论游戏的第五章，是从体育开始的。体育具备造就心流的最佳条件：明确的目标，即时的回馈，易学难精带来的上不封顶的挑战性。体育的最大功能是帮助人控制自己：既学习控制自己的身体——这很好理解，体操、田径、游泳、球类，都要在控制身体上下大功夫，又要学习控制自己的精神，控制自己的注意力。爱看网球的人都知道纳达尔，他的身体条件其实并不突出，爆发力不好是其致命的弱项，而爆发力几乎是一切竞技体育项目不可缺乏的。那他靠什么制胜？靠专注。他可以在四五个小时内一直集中精力。俗话说老虎也有打盹儿的时候。对手领先纳达尔时会很自然地放松一小会儿，不想一下就被逆转了。在专注上你比不过他，你做不到专注每一个回合，结果满盘皆输。

瑜伽的精髓也在于控制自己，从身体到精神。“第五实修是进入正式瑜伽修行门户的预备动作，称作‘制感’。它主要是学习从外界事物上撤回注意力，控制感觉的出入——能够只看、听和感知准许进入知觉的东西。在这个阶段，我们已经可以看出，瑜伽的目标与本书所描述的心流活动多么接近——控制内心所发生的一切。”

球类运动常常更吸引人，因为比分此起彼伏，那是即时的、高度刺激的回馈。相比之下，游泳似乎显得沉闷，如果每天一次能不枯燥吗？这其实和有些工作相似，必须在过程中为自己设定新的挑战及目标，在迎接挑战中获得成长的乐趣。我本人差不多一天游一次泳。我排遣枯燥、保持兴趣的方法是学习、完善和创造多种泳姿。我会十种游泳姿势：光是仰泳就会反自由泳式、反蛙泳式、反蝶泳式。我游海豚泳双手并拢只用两腿，那才真正像海豚。学习乐器也一样。不持续练习不会提高，持续下去主要不是靠耐心，而是靠不断发现技巧上的微妙差异，靠持续存在的关注点。

在中西方古代贵族那里，音乐和体育是并重的。孔子说：立于礼，成于乐。近代西方哲人席勒说：美育先于道德，没有美育的道德是强制性说教。这是对孔子“立于礼，成于乐”的最好注解。美育可以让一个人在其精神世界中愉快地领受一种秩序。有了这第一个秩序，才好顺利地接受第二个秩序，即道德伦理的秩序。非如此道德就是强制。而音乐是精神世界中最神秘和美妙的秩序。米哈里说：“柏拉图就是因为警觉到这种关系的存在，所以才强调教育儿童首先就该教他们音乐；学习把精神专注于优美的节奏与和谐之中，意识的秩序才得以建立。我们的文化似乎越来越不重视儿童的音乐技能，学校预算每有删减，最先遭殃的就是音乐课程，还有美术和体育。这三种对于改善生活品质极为重要的技能，在当前的教育环境中竟被视为多余，着实令人扼腕。”他还说：“虽然学习乐器从小开始最好，但永远不会嫌太晚。有些音乐老师的专长是教导已成年，甚或上了年纪的学生，很多成功的企业家甚至年逾五十才决定学钢琴。尝试与别人合作发挥自己的技巧，最愉快的经验莫过于参加合唱团或加入业余演奏团。”他还提倡学习作曲，他说电脑中先进的软件使作曲变得更简易，普通人也可以尝试。

游戏如此有趣，2 000 多年前先哲就告诫人们无聊了去下棋。那么为什么当代人的休闲生活甚至不如工作时有更多的最优体验呢？

有两大原因。其一，大把大把的闲暇的来临，是当代的事情，此前是六天工作日，每天八小时以上的工时。这种强度之下，休闲主要用于放松和休息。其二，游戏是需要学习的。没有青少年时代五年以上的时光沉浸在篮球、乒乓球、提琴上面，就很难终身保持这习惯，在闲暇无聊时信手拈来。

相反，没有这些游戏的储备，当代人遇到闲暇无聊，便饥不择食地打开电视，奔向商厦或网上购物。这种应对无聊的策略一旦建立，就很难改变。如果处在狂飙的年龄，还可能选择毒品和暴力。因其不需要学习，是没有复杂游戏储备的无聊者们的便餐。

闲暇必须与游戏结合，复杂的游戏必须经过学习，所以学习游戏就是学习如何应对更多的闲暇。

一个人愿意投身哪一种游戏，是高度个性化的事情。当代人，特别是未来的人们的生活目标将落在游戏上面。这也再次说明，今天和未来人们的生活目标，不可能是权威或他人指派的，而是自己接触和尝试后的选择。

我和米哈里的一个共识是，我们都看到了与游戏、与当代人的刺激需求密切关联的“瘾”。

“精神熵暂时消失的感觉，是产生心流的活动会令人上瘾的一大原因……很多棋界天才，包括美国第一任棋王保罗·墨菲和最近一任棋王费舍在内，都因太习惯条理分明的棋局世界，毅然弃绝了现实世界的纷扰混乱……任何有乐趣的活动几乎都会上瘾，变成不再是发乎意识的选择，而是会干扰其他活动……当一个人沉溺于某种有乐趣的活动，不能再顾及其他事时，他就丧失了最终的控制权，亦即决定意识内涵的自由。这么一来，产生心流的活动就有可能导致负面的效果：虽然它还能创造心灵的秩序，提升生活的品质，但由于上瘾，自我便沦为某种特定秩序的俘虏，不愿再去适应生活中的暧昧和模糊……我们必须认清心流有使人上瘾的魔力；我们也应该承认'世上没有绝对的好'这个事实……如果人类因为火会把东西烧光就禁止用火，我们可能就跟猴子相差无几。"

我比米哈里更为乐观地看待"瘾"。在拙作《后物欲时代的来临》[①] 中我说过这样的话："有了瘾就不会空虚了。没有上瘾，不仅仍然有可能陷落到空虚之中，甚至难于与一种行为模式系结到一起。现代人大规模地、义无反顾地陷入'瘾'当中，是有深刻的原因和功能的。我们实际上面临的很可能是三种选择：空虚无聊、寻找肤浅的刺激因而不能真正摆脱空虚，对某种活动上瘾。或许瘾是帮助现代人解决这一尖端问题的归宿。如是，问题的关键就不是从一般的意义上将瘾看作病症，而是比较和区分各种可以上瘾的活动，择其善者而从之。"

书名回归原著

这本书原著名是 *Flow: The Psychology of Optimal Experience*，1990 年出版。1993 年台湾出版陈定琦先生翻译的中译本，名为《幸福：从心开始》。我读后记住了契克森米哈赖。2012 年前后在

① 郑也夫. 后物欲时代的来临［M］. 北京：中信出版社，2016. ——编者注

网上发现了他的四部著作的中译本，大喜过望，立即给该社总编打电话索要。能张这个口是因为我应邀为他们写过书评。很快收到两本书。我再拨电话，重申这四本书我都想要。总编说：其实是两本，《幸福的真意》《生命的心流》都是 2009 年出版，销售得不好，于是 2011 年《幸福的真意》更名为《当下的幸福》，《生命的心流》更名为《专注的快乐》，重新出版。我颇为震惊，斥责这做法。总编颇有雅量，悉心听取，诚恳接受。后来听刘苏里先生说，这是当今中国出版业中常见的伎俩。

我的批评意见分为三条。

其一，权利问题。试问书中正文在翻译时可否随意改动增减？估计没人敢说可以。书名是著作的组成部分，至少同样不可更改。且为作品起名常常花费作者格外的心智和时间，我自己有切身的体会：起个书名，候选常常十几个，反复总要几十次。译作中书名篡改最多，其实最不应该。

其二，同一个中译本，为了推销不断更名，将造成全方位的混乱：从图书馆的书名目录，到学者的引用注释，再到读者的搜索记忆。出版社敢这么做，堪称无知无畏。而出版管理者对此不闻不问，十足的尸位素餐。

其三，从出版社自身的利益看，更名的勾当也是愚不可及。须知，促进名声传播，再好的宣传炒作也不如朋友同学间的口耳相传。第一批读者中的五千粉丝将这本好书告知三万人，后者休想找到它了，因为它已经改头换面。

最后，我们讨论这本书的译名。英文名是 *Flow: The Psychology of Optimal Experience*，台湾版书名是《幸福：从心开始》，大陆第一版书名是《幸福的真意》，大陆第二版书名是《当下的幸福》。Flow、Optimal Experience、Psychology，原书名中的三元素在三个中译本中无一呈现。而中译本的三个书名中的几个核心词：心、幸福、真意、当下，均不见诸原书名。原书名既亮出自己的身份：心理学的学术著作，以区别世俗的心灵鸡汤，又颇有悬念和锐度，分别见诸这两个词汇：flow、最优体验。三个中译本的书名，统统背离原书名十万八千里，自甘插上鸡汤的标签。

严复云：一名之立，旬月踌躇。贬过别人，该拿出自己的主张了。好在我思考其名已过月旬。

书名的后半截：The Psychology of Optimal Experience，老老实实译作：最优体验心理学，应无争议。措辞上或许存在的小差异，小到可以不论。

关键在于 Flow。直译成“流”或“涌流”不妥，因读者会每每不解，乃至“流”在正文中出现恐怕需要加上引号。

敝人以为，可以考虑的译法有二。其一，心流。其二，福流。

人类语言中造词的精髓是借喻。无借喻则势必要造出太多的词汇，乃至头脑无法驾驭。Current 和 stream 是英文中早就存在的词汇，有各自的最初含义，后被借用于 electrical current(电流)和 stream of consciousness（意识流）的组合中。在此构造中，汉语的译名来得更简洁，不麻烦其他字，只一个“流”字：电流，意识流，寒流（寒冷的空气），潮流（社会风气）。故心流、福流有传承，是“流的系统”的延伸。道可道，非常道。这个流，非常流。

心流与福流，二者高下得失如何？两个译法敝人都能接受，但微微偏向“福流”。“心”更宽泛，“福”更具体。本书讨论的其实就是“最优体验之流”，最优体验就是幸福，故“最优体验之流”可以简称为“福流”。除了意思更贴近的优势，“福流”还是音译。音译与意译如此合一，实在难得。当然，“福”在汉语中有“运气”的意思，这是本书“最优体验”的概念所不包含的。但是“福流”不等同于“福”，在其特有的语境中它与“运气”极少关联。

敝人以为，心流的最大优势是，本书正文中频繁出现的 Flow 在中译本中统统译作“心流”。故因有逾万册的中译本做载体，在中文读者中流传了二十年，“心流”已经被很多中国人接受。语言的形塑中，“选票”（即众人的使用）的力量每每大于逻辑和规则的力量，何况“心流”的译法不离谱。敝人本想尝试以我认为刚好的“福流”动摇“心流”的地位。这当口，本书的编辑就书名求教本书作者米哈里，此实为解决翻译难点的正途。米哈里的儿子研究东方哲学，懂中文。父子商议后认同“心流”的译法。于是，敝人打消了鼓吹“福流”的想法。

一般而言，我不赞成书名屡屡更改，但高度认可这次更名，因为定名《心流：最优体验心理学》是回归原著。

郑也夫

2017 年 7 月 30 日

心流人生：一曲冰与火之歌

赵昱鲲
（清华大学社会科学学院积极心理学研究中心办公室主任）

第一次读《心流》这本书的时候，我印象并不好。那是我在宾夕法尼亚大学念积极心理学研究生的时候，作者米哈里·契克森米哈赖也是我们的授课老师，要求我们在上课前先把这本书的前三章读了。当时学业很重，时间很紧，我读得很快。由于我对人生意义这个问题特别感兴趣，于是顺便把最后一章也读了。后来在契克森米哈赖给我们上课的时候，把中间的部分也都跳着读了一些。

这样读下来，当然收获不大。更雪上加霜的是，一来此前在积极心理学的一些入门书，比如塞利格曼的《真实的幸福》（*Authentic Happiness*）里，已经读到了对心流的介绍，因此在读这本书本尊时，反而失去了惊艳的感觉。二来我是理科出身，一直反感“文科”借用量子力学、相对论等理科概念，来为他们的理论背书。《心流》里“精神熵”的这个比喻，让我觉得相当不伦不类。三来，我学习心理学以后，就比较警惕把在特定条件下做出的科研结果，无限扩大为普适规律。契克森米哈赖把心流应用到娱乐、人际关系乃至人生意义上去，在我看来就有“手里有把锤子，看见什么都是钉子”的嫌疑。

当然，对于心流的核心概念我是认同的，因为我自己在写作、读书、踢球、玩游戏时就经常经历心流体验，我完全认同契克森米哈赖对它的描述和研究，那确实是一种很美好的感觉。在我的现实生活中，我也采用契克森米哈赖的建议，用“明确目标”、“即时反馈”、“匹配难度”三个原则来改造一些任务，使我能在其中产生更多的心流体验。

更不用说，在上完契克森米哈赖的课后，我就成为他的忠实粉丝——这个不修边幅、带着浓重中欧口音的白胡子老爷爷，在讲堂上却活跃得像个二十岁的年轻人，思维深邃、学识渊博，开着各种冷幽默的玩笑，对人却极为和蔼可亲。我曾有幸在课间和他一起吃饭，他就主动提起他有个儿子是学东方哲学的，跟我聊起中国传统文化，一下子拉近了我和他的距离。在上完米哈里的课后还不喜欢他这个人的，我还没见到过。

但是，对于《心流》这本书，我的评价仍然不高，只是把它当成一本较为普通的普及读本，在给别人推荐积极心理学读物的时候，这本书基本上排得比较靠后，只是因为心流实在是积极心理学里太重要的概念，所以不得不推荐，但总要加一句：“读前三章就行了。”

四年后，我回国了，需要给别人教积极心理学，心流自然是绕不过去的一课，我就把这本书重读了一遍。这次本来我只是想从书的前三章摘一部分出来教人，但是“输出是最好的输入”，为了教人，我逼着自己必须要真正理解契克森米哈赖在说什么，而不是像上一次一样，能交出作业来就行。

这一遍读得我大为惊艳！是的，惊艳不一定只发生在一见钟情，也可能是在蓦然回首。本来我只想读前三章，但是越读越投入，一口气就把全书都读完了。

我对这本书的观感彻底改变了。首先，我发现，“精神熵”其实是个绝妙的比喻。[①] 契克森米哈赖没有具体解释这个比喻，可能让部分对热力学不熟悉的读者有点困惑，我在这里斗胆越俎代庖，替他铺垫一下。

简单地讲，熵是指一个系统的混乱程度。越混乱，熵值越高。比如在冰里面，水分子相对固定在一个位置附近振动，系统比较稳定，熵值就比较低。变成液态水后，分子开始流动，熵值变大。成为水蒸气后，分子四处乱窜，熵值就更大了。反过来，一个系统内部越有规律，结构越清晰，熵值就越低。

人的大脑里的念头就跟分子一样，时刻万马奔腾。佛家打比方说，一个人从外表看是在静坐，但内心却如同瀑布一般，无数念头蜂拥而来。如果没有节制、训练，你的心就会经常处在这样的混乱状态，虽然你意识到的可能只有少数几个念头，但在潜意识里，却有多得多的念头在相互冲突，在争夺你的注意力，在抢夺你大脑的控制权，在试图引导、影响你往南辕北辙的方向走。这个时候，你的大脑就像热锅里的气体一样，各个念头之间没有什么束缚和联系，各自撒开脚丫欢快地狂奔，你的内心一片混乱，熵值非常高。

① 但可能不能算特别好的翻译，我觉得叫“心熵”会更合适。

但是，如果你进入了心流状态，那就不一样了。你所有的注意力都集中在当前的任务上，你所有的心理能量都在往同一个地方使，那些跟任务无关的念头都被完全屏蔽，甚至包括你对世界的意识、对自我的感知，更不用说对别人评价的患得患失、对物质得失的精心计算，都消失得无影无踪。你并不是只有一个念头，你的大脑仍然在高速运转，但是所有这些念头都是非常有规律、有秩序的，就像一支高度有纪律的军队，井井有条地组织了起来，高效率地去完成一个任务。

这时候，你的感觉就跟“心流”这个词的英文 flow 原意一样，心里的念头就像一条钢铁洪流，浩浩荡荡但是又井然有序，势不可当但是又能从你心所欲，喷涌而出但是又不会四处洒落，而是汇聚成一条水龙，冲荡开一切泥石沙砾，创造、奋斗、整合，你不需要特意去控制这个过程，但一切又都在你的控制之中。正如契克森米哈赖所总结的，这就是最优体验。

这时，你的心熵非常低。契克森米哈赖是用液体的水流来比喻这个过程，但这时你的大脑更像熵值最低的晶体，结构井然，同时又充满能量。当你自审内心时，你发现你的心像冰一样晶莹剔透，一切都处在最佳、最合理的位置上，所有念头都相互支持、相互关联，齐心协力、步调一致地往同一个方向前进。这是一个混乱程度最低、秩序最高的心理状态。

对熵的另一个定义，是指一个系统内不能做功的能量的总数。换句话说，熵值越高，能做的功就越少。因为在做功的过程中，总有一部分能量耗散掉，这就导致了系统的秩序变少，也就是熵值升高。这就是热力学第二定律：任何孤立系统，都会自发地朝熵值最大的方向演化。也就是说，任何孤立系统，都会变得越来越混乱，直到我们所知的最大孤立系统——宇宙，到处都达到了熵值最大的状态，于是一切活动就都停止了，那也就是热力学第二定律预言的宇宙终点——热寂。

好在我们所生活的这个世界，除了宇宙之外，没有什么系统是真正孤立的。所以，熵减少的过程处处皆是，这也就是契克森米哈赖在书里（又是不加解释就）引用的“负熵”。最典型、最壮丽也最奇妙的负熵过程就是这个宇宙的最大奇迹——生命。

一颗种子，从土壤中汲取养分，从空气中获取养料，从阳光里得到动力，把本来七零八落的碳原子、氢原子、氧原子和其他元素组合起来，变成一棵大树或一株小草。你大概也惊叹过柳树的婆娑多姿、松树的庄严肃穆，或者花瓣的美轮美奂，甚至小草边缘那整齐的锯齿。如果你从树上切一片树皮，或者取一颗花粉，拿到显微镜下一看，你会看见它的分子结构排列整齐，几何图形美丽得几乎令人敬畏。这就是一个降熵过程，把原来混乱的原子重新组合成有规律的集体。当然，这并不违反热力学第二定律，因为植物并不是一个孤立系统，它与外界持续不断地交换物质和能量。它之所以能够形成秩序，很大程度是因为太阳慷慨地释放出惊人的能量，来支撑它的这个反熵过程，代价则是太阳内部的熵飞速增加得更多。

还有动物吃草、叶、花、果，形成更高级的动物蛋白，能够做更多的功，自由地奔跑、飞翔、厮杀和交配。文化也可以看成是更高形式的生命（基因—文化共同演化理论已被广为接受）。人类开山采矿，烧土为砖，伐木为林，造出高楼大厦、高速公路，乃至用风力、水力、火力发电，发明互联网、人工智能，都是用浪费大量能量的代价，形成了一个更精巧的结构，从而降低了自己系统的熵。

从这个角度来说，心流就是大脑的生命。当心熵比较高的时候，在一片混乱的情况下，大脑的做功能力很低，很多心理能量都浪费在内耗上了。但一旦进入心流状态，心理能量就围绕着同一个主题组织起来，向同一个方向高效率地输出。这也就是契克森米哈赖反复强调的，人在心流状态下的表现最好。而且，如果一个人经常经历心流，他的心理就会被训练得越来越有秩序，以后进入心流就越来越容易，即使平时不在心流状态下，也不像一般人那样心猿意马。

最典型的例子就是冥想。佛家经常用冥想来降伏内心那瀑布一样奔腾如雷的念头。在冥想中，你摒除杂念，心灵澄净，如一道清澈的心流。经过长期练习之后，哪怕不在冥想之中，你的心灵也会比常人更平静，遇到意外变故时能更快地集中注意力。换句话说，你的心熵整体降低了。

当然，心流这个负熵过程也需要外界的干涉。高僧冥想多年才能达到波澜不惊，你需要反复练习才能更容易地进入心流。但是，这一切都是值得的，当你心里的熵值降到最低，一切纷扰念头都销声匿迹，只剩下你和当前的事物时，那种心灵如同冰晶般通透、念头如同雪水般畅流的感觉，就是你心里能达到的最优体验，也是你大脑里的奇迹。

所以，在我第二遍读《心流》的时候，我完全接受了契克森米哈赖的这个比喻，由此向下，后面很多本来觉得牵强的地方也都迎刃而解，不亦快哉（是的，我在读这本书的时候也达到了心流）。

比如第八章的“人际之乐”。作为一名前理工男，我以前视人际关系为畏途，并且也不认为人际关系有多重要。积极心理学改变了我的看法，让我知道情感、身体、关系至少和理智、思想、个人同样重要。“人际之乐”这一章教给我更多方法，比如与别人构建同样的目标，给别人以有效即时的反馈，调整挑战与学习技能，这样就可以从人际交往中得到更多心流，并且也能更加自得人际交往之乐。

不过最有意思的还是最后一章。我到美国后，遇到过一些非常虔诚的基督徒。他们一方面积极生活，努力工作，勤俭持家，乐于助人，热心公益；另一方面，在遇到生活的苦难时，从车祸、失业到亲人去世，他们当然也会难过，但在祷告和与神父、亲友交流后，他们会坦然接受这个苦难，“上帝爱我，祂的安排一定自有深意”。

当我这次读到第十章“追寻生命的意义”的时候，一下子就想起了他们。是啊，他们的人生有一个明确的目标：皈依上帝、彰显神的荣耀，通过祷告和教会，能得到即时的反馈，并且能在一次次苦难中经历信念动摇—重固的挑战，最终形成更加坚定的信仰，从而可以更好地指导自己生活的每一方面。这不就是极高的人生秩序感、极低的心熵吗？这样的人生，能让人全神贯注而又平安喜乐，这不就是把整个人生过成了一场大心流（universal flow）吗？[①]

这样的大心流，要比仅仅在一场活动中能达到的心流高级得多。就像高僧一样，修炼多年以后，哪怕不打坐，心灵也和冥想时一样专注而又平静，吃饭是吃饭禅，睡觉是睡觉禅。这就是人

① 书里译为“宇宙心流”，我感觉译为“全心流”或“大心流”会比较好。

生找到意义后的自得之乐，用契克森米哈赖的话说，“创造意义就是把自己的行动整合成一个心流体验，由此建立心灵的秩序”。他对此的描述是：

“痛下决心追求一个重要的目标，各式各样的活动都能汇集成统一的心流体验时，意识就呈现出一片祥和。知道自己要什么，并朝这个方向努力的人，感觉、思想、行动都能配合无间，内心的和谐自然涌现。生活在和谐之中的人，不论做什么、遭遇什么，都不会把精神能量浪费在怀疑、后悔、罪恶感及恐惧之上，精力永远用在有益的方面。对生命胸有成竹的人，内心的力量与宁静，就是内在一致的最高境界。方向、决心加上和谐，就能把生命转变成天衣无缝的心流体验，并赋予人生意义。达到这种境界的人再也不觉得匮乏。意识井然有序的人不需要害怕出乎意料的事，甚至也不惧怕死亡，活着的每一刻都饶富意义，大多数时候也都乐趣无穷。”

当然，对于中国人来说，由宗教信仰找到人生意义的，毕竟还是少数。对于我们这些缺乏宗教情怀的人，怎样才能把自己一生的行动、思想都整合成一个心流体验呢？

契克森米哈赖的建议是，首先要找到一个终生的目标，其次不要害怕复杂性，这就是对你人生意义的挑战，而你可以应对的技能是“行动式生活”与“反省式生活”相结合。最终，你既有独特的个人特性，又与周围世界、人们所整合，“只要个人目标与宇宙心流汇合，意义的问题也就迎刃而解了”。

显然，我的这个总结乏善可陈，因为我那时还没有明白他的意思。好在回国以后，我就开始经历人生的一个新历程：被骗、被算计，处理复杂的人事关系和利益纠纷。此前我的人生，要么是在校园的象牙塔内，要么是在玻璃天花板之下的美国中产阶级的安逸生活——在美国的中国人，大多从事专业工作，由于文化背景差异和沟通障碍，很难升到高级管理层，但也因此避开了人事斗争和利益瓜分的汹涌风暴——因此很不适应，也有了不少焦虑和愤懑。同时，我也在智识上从古典自由主义转为达尔文—马尔萨斯主义，对世界的看法不再像以前那么乐观了，因此心情降落到了一个低潮。

这时我又想起了《心流》这本书。我感觉我的人生的混乱度显著上升，心流明显减少。我想：“是时候去向米哈里老爷爷寻求智慧了。”

我把“追寻生命的意义”这一章又重读了一遍。契克森米哈赖对人生意义的复杂性的论述让我茅塞顿开。他讲的是意义的内容升级：从简单的舒适，到社会价值，到个人的自主发展，到个人与社会的重新整合。我想到的是我的心灵成长。

我非常幸运地生在一个秉承中国传统价值观的家庭，有一个非常幸福的童年。[①] 这让我从本能上认为“人性本善”，以最大的善意去对待这个世界和他人，哪怕遇到挫折，我也会认为“这只是暂时的，未来会更好”。哪怕遇到伤害，我也会想：“他可能也有不得已的苦衷，原谅他吧。”

这样的天真乐观主义当然经不起生活的检验，更不用说随着智识长进，我也知道世界并不是这样的运行法则。但是，变得厚黑，又和我从小的情感训练相悖，让我做起事来觉得很不舒服。

① “幸运”是指“秉承”，就是一家人都言传身教同样的坚定价值观，而不是说“中国传统”。当然，还有“幸福的童年”，详情可见我的新书《自主教养：焦虑时代的父母之道》。

这样两种冲突同时在我身上，让我内心的熵值不断升高。

契克森米哈赖的论述让我恍然大悟：我并不需要在这两者之中做取舍，而应该把它们整合，整合成一个更复杂的人生意义。简单的人生意义更有优势，但是复杂的人生意义更加光荣。

同样是降熵过程，把一个碳原子和两个氧原子合成为一个二氧化碳分子，比不上把 12 个水分子和 6 个二氧化碳分子合成为一个葡萄糖分子，前者只要一把山火就能做到，后者却需要植物来进行。水蒸气凝结成水，这个降熵过程，云彩就能做到；金刚石一定要在地下一百多公里处的高温高压下才能形成。崔健说："石头虽然坚硬，可蛋才是生命。"石头地貌变化就能形成，可只有生命才能下出蛋来。

复杂度降低得越多的过程，越有意思。为什么人们推崇围棋超过五子棋？不都是在棋盘上一颗黑子一颗白子地下吗？因为围棋更复杂，能够掌握如此复杂的技艺、产生稳定输出的棋手，让我们更佩服。为什么油画比素描更美？因为它动用了更复杂的色彩和技艺，最终把这些无比复杂的元素都统一在一幅画里，让我们的大脑不由自主地就会觉得更美。

心流也是如此。一个小孩子兴趣盎然地算数学题，一个大科学家沉浸地思考物理问题，他们俩的心流体验可能是相似的，但是从旁观者看来，无疑是科学家的心流更宏大、更壮丽，因为它要复杂得多。我当然不是贬低孩子的心流，但是正如契克森米哈赖所说："伟大的音乐、建筑、艺术、诗歌、戏剧、舞蹈、哲学、宗教，都是以和谐克服混沌的好榜样"。降熵过程有高下，美有高下，技艺有高下，心流也有高下。原本的混沌越多，整合进去的元素越复杂，这个心流就越伟大。

那么，自然，人生意义也有高下。那些能够整合无比复杂的人生、找到人生意义，整合无比复杂的世界、形成自己的世界观，整合无比复杂经常是相对矛盾的价值观、形成自己的价值观的人，有最大的“大心流”。

所以，我可以退回到玻璃天花板之下的温室，或者在屡经挫折后仍然痴心不改（或者彻底转为厚黑），但那样的人生观太简单——太没有美感，因为它整合的复杂事物太少，降的熵太低。那样的人生意义，就像一块冰。它也晶莹剔透，也结构稳定，但它经不起考验。在火热的浪潮来临时，它的熵值会飙升，变成水，甚至变成水蒸气，随风飘荡，分崩离析。

我希望我的人生意义能像金刚石一样，在烈火的反复淬炼中脱胎换骨，变成这个世界所知道的最硬的结构。火对于熵来说是个坏消息，因为它会使熵值升高。但是，它也带来能量。你是任由外界那纷杂的人、事扰乱你的内心，使你的心越来越烦躁，还是吸取火的能量，改变自身的结构，升级为一颗金刚冰？

这就是我第三遍读《心流》时，得到的最大启示。读这本书时，你无疑会被契克森米哈赖说服，推崇心流，喜欢心流，寻找心流。但是，现实世界如此坚硬，心流的条件如此难求（以至于很多人只能从网游中获得心流体验），契克森米哈赖似乎是给我们描述了一个美好的状态，从而让我们对现状更加失望？

所以我希望你能把这本书读两遍。第一遍是学习心流的概念、技巧，第二遍则是用心与契克森米哈赖对话，体验他的这一曲冰与火之歌：外界纷扰并不可怕，反而是我们铸成更大的心流的能量来源。

最后，我要感谢中信出版社。这本书终于不再叫什么《当下的幸福》或者《快乐的真意》了。它的内容和立意远远地高过了幸福和快乐。它所推崇的人生最优体验，不是幸福、快乐这点肤浅的感受，而是奋斗、挣扎、咬牙坚持，最终，是整合之后的巅峰体验。这才是心流的真意。

赵昱鲲

2017 年 8 月

胜利者一无所获

阳志平
（安人心智集团董事长）

激情后是空虚，大战后催生反思。1933 年，海明威出版震撼文坛的作品《胜利者一无所获》（*Winner Take Nothing*）。在这本短篇小说集中，光明是山峦、海洋、森林、阳光；黑暗是战争、冰山、饥荒、寒冷。海明威站在半明半暗的门口，带着读者张望人性干净明亮之处。同时代的人以为，《胜利者一无所获》见证了海明威创造力下滑，因为此书与他上一本刚刚大卖的《战地春梦》（*A Farewell to Arms*）类似，都是质疑人类战争赢家通吃的逻辑。海明威认为战争胜利者丢失了人类最美好的那些事物：爱、善良、洁净、次序等，胜利者一无所获。

在书中，海明威大写特写空虚："有些人生活着，但是什么感觉也没有，他知道一切都是空虚、空虚、空虚。我们的空虚就在空虚之中，空虚是你的名字，空虚是你的国度；你是空虚中的空虚，就像空虚本来就出在空虚中一样。"海明威嘲讽地望着空虚的人类。这一年，海明威三十四岁。之后他并没有如同人们期望的那样，创造力下降，而是用一部又一部佳作证明了自己。十九年过后，在他五十三岁时，写出了巅峰之作《老人与海》，并在两年后荣获诺贝尔文学奖。令人惋惜的是，海明威在荣获诺奖七年后，自杀了结一生。

不在空虚中胜利，就在空虚中败退。海明威留给读者一个难解的时代谜题。在 1975 年国际笔会上，心理学家维克多 · 弗兰克尔指出：时代流行空虚感——一种对生命存在无从把握的感觉。如果说人们已经不再相信弗洛伊德——人是由无意识支配的动物，如果说人们不再相信阿德勒——活着就是不断摆脱自卑感追求优越的过程，为什么当人们意识到人不是由无意识支配的动物，人不是自卑的动物之后，反而会陷入深深的空虚感之中呢？幸福的真相是什么？人生的意义是什么？

依然是 1975 年，心理学家契克森米哈赖给出了一个创新的答案。他是 1934 年生人，曾任芝加哥大学心理系主任，积极心理学的发起人。远在积极心理学诞生之前，他对一个问题颇有兴趣：为什么人们会专心致志，浑然忘我？那时，他还是位年轻的心理学博士，通过对艺术家、运动员、音乐家、棋坛高手以及外科医生等角色的研究，他提出了一个创新的概念：心流（Flow）。之后，他在“心流”概念基础上，创建了人类的最优体验（Optimal Experience）理论。当积极心理学诞生之后，心流自然地成为积极心理学的基石。如果说积极心理学致力于从科学的角度揭示人类幸福的秘密，那么心流漂亮地回答了：你当下的快乐是什么样的？

什么是心流？按照技能、挑战两个维度，我们可以将人们的常见行为模式总结为下图中所示的八种。心流处在技能适中、挑战适中的理想区域。当你心中有个目标，这个目标对你来说有一定难度，而你的技能可以初步胜任这个目标的时候，你开始投入心力，你的注意力被立即的反馈攫住，而环境也逼迫着你做出回应。就像乒乓球高手相互对打，小球成为两人之间意识流动的媒介。你会体验到人类最美妙的感觉——心流。反之，在低挑战、低技能那样的区域是焦虑、冷漠、厌倦……

如果用心流理论来看海明威，也许我们更容易理解他。就像契克森米哈赖教授在本书中所说的一样：

"近年来有很多人指出，诗人与剧作家往往是一群严重沮丧或情绪失调的人，或许他们投身写作这一行，就是因为他们的意识受精神熵干扰的程度远超一般人；写作是在情绪紊乱中塑造秩序的一种治疗法。作家体验心流的唯一方法，很可能就是创造一个可以全心投入的文字世界，把现实的烦恼从心灵中抹去。写作跟其他心流活动一样，可能会上瘾，也可能构成危险：它强迫作者投入一个有限的体验范畴，抹杀了采用其他方式处理事件的可能性。不过，如果把写作运用于控制体验，不让它控制心灵，仍是一件妙用无穷的法宝。"

一位骄傲的作家用字与词创造一个令人沉浸的世界。在这个过程中，他不断挑战自我。就像海明威一样，三十岁的时候，人们以为《战地春梦》就是他的最高水准了；然而，他又用了二十多年锤炼手艺，直到巅峰之作《老人与海》问世。海明威的大半生，一直用写作催生心流涓涓不断。在这个硬汉世界中，他是唯一的君王。直到有一天，世界失控，沙堆崩溃。

用心流打败空虚，海明威成功了吗？看似没有，为什么呢？

心理学家德西的自我决定论也许会带来些许启发。如果说动机是人类行为的食物，驱动着你去做事，那么，这些食物有的是惩罚、顺从、诺贝尔文学奖等外在奖赏，有的是兴趣、享受与内在满足。在德西们看来，前者是外在动机，后者是内在动机。

从史料可窥一斑，名誉的确给海明威造成了重压，在他离世前那几年，他完全停止写作。海明威在诺奖演讲时如是说道："如果是一位出色的作家，他就必须面对永恒，否则每天都会走下坡路。对于一个真正的作家来说，每写完一本书只是标志着他要写出更高水平的书的开始。"当有一天，海明威不得不面对创造力下降的事实，这一年，他已经不再是那位三十四岁、风华正茂的青年，他会如何选择？海明威还能成为海明威吗？我们不得而知。

只是，多年后，我们依然会看到一位伟大作家的传承生生不息。日本出版人见城彻将"胜利者一无所获"作为自己的座右铭。受海明威影响，见城彻提倡硬派工作，强调以压倒性努力正面突破困境。当你全力争取胜利时，其他就不那么重要了；甚至，连胜利本身都不重要。

胜利者的奖赏就是自己的兴趣、享受与内在满足。如果没有奖励，这个时候，会发生什么？你沉浸于事物本身，这就是心流。就像契克森米哈赖在书中所言：

"攀岩的神秘就在于攀登本身；你爬到岩顶时，虽然很高兴已大功告成，而实际上却盼望能继续往上攀登，永不停歇。攀岩的最终目的就是攀登，正如同写诗的目的就是为写作一样；你唯一征服的是自己的内心……写作就是诗存在的理由。攀登也一样，只为了确认自己是一股心流。心流的目的就是持续不断地流动，不是为了到达山顶或乌托邦。它不是向上的动作，而是奔流不已；

向上爬只是为了让流动继续。爬山除了爬山之外，没有别的理由，它完全是一种自我的沟通。"

只是在人生攀岩的过程中，海明威真的快乐吗？

认知心理学家埃里克森认为，成为顶级专家，你需要刻意练习。刻意练习与普通练习的不同之处在于：（1）一个定义清晰的目标；（2）全神贯注及不懈努力；（3）即时的、有益的反馈；（4）持续反思和完善。埃里克森对刻意练习能否像心流体验那么愉悦表示怀疑。在他看来，在工作时，"熟练的人在表现中有时能体验到高度的愉悦状态（即契克森米哈赖所描述的'心流'），然而，这种状态是与刻意练习相矛盾的……"

同样，契克森米哈赖质疑刻意练习："对天赋发展轨迹进行的研究认为，一个人学习任何复杂的技能都需要大约 10 000 小时的练习……而且这种练习可以是很无趣和不愉快的。尽管这样的练习状态时常出现，但结果仍是不确定的。"

回到动机上，我们能更好地调和心流与刻意练习的矛盾。《坚毅》[①] 作者安杰拉·达克沃思认为，心流是体验，刻意练习是行为；刻意练习发生在技能准备阶段，而心流体验发生在技能表现阶段。人们进行刻意练习的动机是提高技能；而心流的动机完全不同，心流的本质是令人沉醉与上瘾的，在心流体验中，你会忘掉时间，并且不在意是否提升了技能。

对于海明威来说，写作是快乐的。1958 年，《巴黎评论》采访海明威的第一个问题是："真动笔写的时候是非常快乐的吗？"海明威回答坚定："非常"。对于海明威来说，写作同样是痛苦的：

---

① 安杰拉·达克沃思．坚毅：释放激情与坚持的力量 [M]. 安妮，译．北京：中信出版社，2017. ——编者注

“对想当作家的人来说，你认为最好的智力训练是什么？”在同一个采访中，海明威回答道：“我说，他应该出去上吊，因为他发现要写好真是无法想象的困难。此后他应该毫不留情地删节，在他的余生里逼着自己尽可能地写好。至少他可以从上吊的故事开始。”

快乐不快乐，你我只是说着。作为“迷失一代”的代言人，海明威告诉我们：人生也是空虚。但在那虚无的人生中，会有一间干净明亮温暖的小酒馆。它来自感官之乐、思维之乐、人际之乐、工作之乐。我歌月徘徊，我舞影零乱；举杯邀明月，对影成三人。在那里，你，邀请你的影子，外加月亮，且打来二两心流，酌言尝之。

阳志平

2017 年 8 月

契克森米哈赖的幸福课

万维钢
（科学作家，得到《精英日课》专栏作者）

你是否曾经埋头钻研一个问题，忽略了时间的流逝？你是否曾经全情投入到一件事情之中，忘记了自己？你是否凭借勤学苦练获得的技能，毫不费力甚至挥洒自如地完成过一项高难度的工作？

如果你没经历过这些，就算你财务自由、各种享受都体验过，你也根本不知道什么是真正的幸福。

这些高级经历的体验，叫作“心流”。“心流”，是过去三十年最引人入胜的心理学概念之一，它的提出者是米哈里·契克森米哈赖，摆在你面前的这本书，就是他多年以前关于心流理论的名著。

大多数心理学家研究普通人和心理上有点不正常的人，而契克森米哈赖喜欢研究那些优秀的人。经常经历“心流”，就是优秀的人的一个共同特征。

伟大的理论总是日久弥新。在读这本书之前，我已经读过很多有关心流的书和研究论文，都是很新的内容。我早就知道心流是怎么回事，心流有什么最新的解释，就好像你就算没读过《国富论》也知道亚当·斯密的思想一样——但是真正读契克森米哈赖这本书，我还是学到了好东西。

契克森米哈赖对“心流”的立意，比后来的学者高得多。

契克森米哈赖那时候的主要研究方法是问卷调查。他和研究团队走访了很多科学家、医生、艺术家和普通人，了解这些人的心流体验。他们使用“心理体验抽样法”，通过每天随机选择八个时间点用电子呼叫器指挥受试者填写问卷的方法，获得了超过十万份的日常体验问卷。他们最初是想知道“到底做什么事最幸福”，结果获得了“心流”这个洞见。

所谓“心流”，就是当你特别专注地做一件目标明确而又有挑战的事情，而你的能力恰好能接住这个挑战时，你可能会进入的一种状态。它的特征是你做这件事的时候会忘记自己，忘记时间的流逝，你能体察到所有相关的信息，不管工作多复杂你都毫不费力，而且有强烈的愉悦感。

凭借那些调查问卷，契克森米哈赖总结了心流的特征和产生心流的条件。这个心流的概念和理论框架，历经众多心理学家三十年的研究检验，一直存活到现在，而且越来越热门。

现在心理学家已经使用了脑科学的手段，用功能性核磁共振直接扫描大脑，更直接地研究心流。我们现在的确知道的比契克森米哈赖这本书中描述的多一些。

我们已经知道，心流的前提是我们要主动关闭大脑的前额叶皮层的一部分功能，心流的过程是大脑分泌“去甲肾上腺素”和

“多巴胺”等六种激素，不断深入，心流的愉悦感也来自这些激素。心流不再仅仅是人脑这个黑盒子的外部表现，而是有了实实在在的大脑硬件工作原理的解释。

现在特别流行的一个心理学概念叫“刻意练习”，是美国心理学家安德斯·埃里克森2000年以后发展出来的一套学说——可是如果你对比一下“刻意练习”和“心流”，会发现虽然二者说的是两件事，但是有很多相通之处。心流，可以说是刻意练习的一个结果。

我们还知道，契克森米哈赖在书中可能过分强调了集中注意力的好处。新的研究表明“注意力不集中”，也是一种对健康至关重要的状态。在注意力不集中的情况下，我们的大脑大部分时间处于所谓“默认模式网络”，这种状态是发散思维和创新的必要条件。

比如，契克森米哈赖在这本书中提到一位“E女士”，特别强调注意力，一点时间都不愿意浪费。E女士到某个城市出差，自己开会的时候还要让司机去逛逛博物馆，以便能在路上听司机讲讲有什么新收获。契克森米哈赖非常赞赏E女士，因为她每一分钟都过得满足而充实。而后来加拿大学者森舸澜在2014年出版的《无为：自发性的艺术和科学》（*Trying Not to Try*）这本书中同样讲到心流，也提到了E女士的例子，但是对她这种一天到晚紧赶慢赶的生活方式非常不以为然。

但是所有这些后来的研究进步，都不能撼动契克森米哈赖关于心流的最主要论断。

而契克森米哈赖这本书之所以仍然特别值得读，是因为他把心流提升到了更高的位置。

一般学者谈心流，是把心流当成一个最优工作方式。你想在工作中取得好成绩吗？追求心流。而在契克森米哈赖看来，心流其实是一种生活方式，而且是最高级的生活方式。你想幸福吗？追求心流。

心流只是一个方法，它背后更大的逻辑是，你要通过锻炼控制自己的意识，去获得真正的幸福。

在我看来，这个态度是真正的以人为本！我们做事的时候并不在乎结果能不能给自己带来多大的利益，而是专注于做这件事本身，从中获得乐趣。这句话听着特别像“心灵鸡汤”，但它恰恰是一个站得住脚的理论！

从心流出发，契克森米哈赖重新定义了什么叫“乐趣”，什么叫“复杂”，什么叫“休闲”，并且最终推出什么是真正的幸福。真正的幸福，是当你全心全意投入一件事，把自己置之度外的时候，获得的副产品。你直接追求的并不是幸福，而是把自己变得更复杂——在这个变复杂的过程中，你会找到乐趣，这个状态就是幸福的。

人生要的不是最后终点的结果，而是每时每刻点点滴滴成长的过程。成长不仅仅是在校学生的事儿。成长也不是为了达到什么目的的手段。成长本身，就是我们的目的。

除了希望允许我经常不集中注意力之外，我对契克森米哈赖这个理论都能接受。在书中，契克森米哈赖还把这个理论用于工作、休闲娱乐、社交等一系列事情，他旁征博引，把心流和前人的智慧连接在一起，给我们描绘了一个漂亮的幸福蓝图。

你幸福吗？我在读这本书的时候，（不经意地）收获了很多幸福。

万维钢

2017 年 9 月